# 基于工业废弃物的
# 聚硅酸盐混凝剂研究

李冉 著

化学工业出版社

·北京·

本书共分为 8 章，主要介绍了工业废弃物污染现状、混凝剂分类研究进展、聚硅酸金属盐混凝剂发展现状、混凝理论及动力学研究现状；实验材料与方法，聚硅酸盐混凝剂的研制，聚硅酸盐混凝剂的结构与形态表征研究，不同方法制备的聚硅酸盐混凝剂的结构形态比较研究，应用聚硅酸盐混凝剂处理多种工业废水的混凝性能及絮体分形特征研究，混凝剂在圆形辐流式沉淀池中的多相流动及絮凝过程的数值计算模型及模拟结果，研究结论及展望。

本书具有较强的知识性和技术性，可供废水处理、工业废弃物处理等领域的工程技术人员、科研人员和管理人员参考，也可供高等学校环境工程、化学工程及相关专业师生参阅。

**图书在版编目（CIP）数据**

基于工业废弃物的聚硅酸盐混凝剂研究/李冉著. —北京：
化学工业出版社，2018.5
ISBN 978-7-122-31829-9

Ⅰ. ①基… Ⅱ. ①李… Ⅲ. ①硅酸盐-混凝剂-研究
Ⅳ. ①TQ437

中国版本图书馆 CIP 数据核字（2018）第 058440 号

责任编辑：刘兴春　刘　婧　　　　　　　文字编辑：刘兰妹
责任校对：王素芹　　　　　　　　　　　装帧设计：关　飞

出版发行：化学工业出版社（北京市东城区青年湖南街 13 号　邮政编码 100011）
印　　刷：北京京华铭诚工贸有限公司
装　　订：三河市瞰发装订厂
710mm×1000mm　1/16　印张 11¼　字数 170 千字　2018 年 7 月北京第 1 版第 1 次印刷

购书咨询：010-64518888（传真：010-64519686）　售后服务：010-64518899
网　　址：http://www.cip.com.cn
凡购买本书，如有缺损质量问题，本社销售中心负责调换。

定　　价：78.00 元　　　　　　　　　　　　　版权所有　违者必究

# 前言

　　随着社会经济的不断发展，工业废水的排放量日益增大，废水回用和排放处理的标准也越来越严格。混凝处理是最重要的废水深度处理工艺之一，能够破坏废水中胶体的稳定性，去除有机物、固体悬浮物和毒性物质等。混凝剂的质量是影响混凝处理效果的关键因素，开发混凝性能优异、低成本、无毒环保的混凝剂一直是国内外水处理领域的热点研究方向之一。

　　本书基于工业废弃物回用，提出了"同时聚合法"制备聚硅酸盐混凝剂（PSiC），即从粉煤灰、硫酸烧渣、废硫酸等废弃物中提取硅、金属盐溶液，然后同步进行硅酸聚合、金属盐羟基化聚合以及硅与金属离子聚合得到PSiC。采用X射线衍射（XRD）、红外光谱（IR）、紫外/可见吸收扫描（UV/VIS）以及显微成像等多种方法表征PSiC的形态结构，分析了混凝剂中各组分之间络合过程、形态分布、显微形貌以及絮体分形特征。并采用计算流体动力学软件FLUENT对PSiC在圆形辐流式沉淀池中的多相流动及絮凝过程进行了数值模拟，研究压力场、密度场、速度场和浓度分布等情况，综合深入分析了PSiC的混凝机理；同时应用PSiC处理多种工业废水，比较处理效果。与传统无机混凝剂相比，聚硅酸盐混凝剂具有制备工艺简单、资源化利用率高、生产成本低、污染物去除率高和无二次污染等优点，工业应用前景广阔。

本书分为 8 章，第 1 章为绪论，主要介绍了工业废弃物污染现状、混凝剂研究进展、聚硅酸金属盐混凝剂发展现状、混凝理论及动力学研究现状；第 2～第 6 章为实验研究部分，其中第 2 章介绍了实验材料与实验方法，第 3 章是关于聚硅酸盐混凝剂的研制，第 4 章是关于聚硅酸盐混凝剂结构与形态分析，第 5 章是关于不同方法制备的聚硅酸盐混凝剂的结构与形态，第 6 章是聚硅酸盐混凝剂的混凝性能及絮体分形特征；第 7 章为数值计算部分，介绍了混凝剂在圆形辐流式沉淀池中的多相流动及絮凝过程的数值计算模型及模拟结果，第 8 章为本书研究结论及展望。

本书的研究工作受到国家自然科学基金项目（No.51504192）、陕西省自然科学基础研究计划项目（No.2016JQ5102）、陕西省教育厅专项科研计划项目（No.17JK0616）、陕西省高校科协青年人才托举计划项目（No.20160119）、陕西科技统筹创新工程计划项目（No.2011KTCL03-06，2011KTZB03-03-01）、陕西省"13115"科技创新工程（No.2011 工程中心 01）以及陕西延长石油集团有限责任公司等的资助和支持，同时得到了西安交通大学贺延龄教授的指导与帮助，使本书研究工作受益匪浅。在此向支持本书研究工作的单位和个人表示衷心的感谢。

限于著者水平和时间，书中不妥之处在所难免，恳请读者批评指正。

著者

2018 年 1 月

# 目录

## 1 绪论 / 001

# 2 实验材料与实验方法 / 029

# 3 聚硅酸盐混凝剂（PSiC）的研制 / 037

# 4 聚硅酸盐混凝剂（PSiC）结构与形态分析 / 047

# 5　不同方法制备的聚硅酸盐混凝剂（PSiC）结构与形态　/ 081

# 6 聚硅酸盐混凝剂（PSiC）的混凝性能及絮体分形 特征 / 101

# 7 聚硅酸盐混凝剂（PSiC）混凝动力学 / 135

# 8　结论与展望 / 153

## 参考文献

# 1

## 绪　论

# 1.1 工业废弃物污染现状

## 1.1.1 工业废水

工业废水是指工业生产过程中产生的废水、污水和废液，随着经济和社会不断发展，工业废水排放日益增加。2014 年我国工业废水排放量达 $1.895 \times 10^{10}$ t，到 2020 年预计将达到 $3.056 \times 10^{10}$ t。工业废水是水体的主要污染源，目前全国 500 多条河流中有 80％以上受到不同程度的污染，与生活污水相比工业废水具有以下显著特点：a. 污染物成分复杂，不同行业之间废水成分差异大；b. 污染物浓度高且波动较大；c. 污染物难降解，生物毒性高；d. 处理要求、标准差别较大，根据处理后回用或排放途径不同，对出水水质要求不同。工业废水排放量较大、污染严重的行业包括造纸、石油、纺织、钢铁等。由于生产和环保的要求，工业废水处理的标准越来越严格。未来新增工业废水处理投资将主要集中在石化、钢铁、煤化工、电力等行业。工业废水领域"十二五"期间的总投入达到 8324 亿元，"十三五"期间将进一步提升至 9722 亿元。

我国大多数油田已经进入中、后期开发阶段，人工注水增加压力的二次开采方法是提高石油采收率的重要工艺。陕北采油区块属于低渗透油藏，且具有分散面积广、地形致密、水资源短缺等特点。该采油区块石油采收率较低，多数为 10％～15％，远小于全国油田 30％的平均采收率。为提高采收率，陕北区域性石油开采过程中注入大量水采油，导致产生大量采油废水。采油废水含有较高浓度的原油、固体悬浮物、无机盐和有机污染物，可生化性差，并且残留的化学添加剂吸附于固体悬浮物与原油形成稳定胶体，处理难度比较大。

采油废水来自油层，与储层岩石和流体配伍性较高，经处理后适合用于回注，既能减少污染也降低了开发成本。低渗透、超低渗透油层的有效孔隙度低，孔喉半径小，所以对注水水质的要求很高，如果处理后污水达不到油田注水水质标准，则会引起地层伤害，设备管线结垢、腐蚀甚至使油井报废。国家能源局 2012 年新颁布了中华人民共和国石油天然气行业标准《碎屑岩油藏注水水质推荐指标及分析方法》（SY/T 5329—2012），随着注入层平均空气渗透率的降低，对回注水的水质要求会越高，注水水质推荐指标如表 1-1 所列。采油废水如处理不达标会堵塞油层，造成注水量和吸水指数下降，而注水压力升高。因此必须深度精细处理采油废水，减小其不利影响。

表 1-1　碎屑岩油藏注水水质推荐指标

| 注入层平均空气渗透率/μm² | ≤0.01 | >0.01～≤0.05 | >0.05～≤0.5 | >0.5～≤1.5 | >1.5 |
|---|---|---|---|---|---|
| 固体悬浮物含量/(mg/L) | ≤1.0 | ≤2.0 | ≤5.0 | ≤10.0 | ≤30.0 |
| 悬浮物粒径中值/μm | ≤1.0 | ≤1.5 | ≤3.0 | ≤4.0 | ≤5.0 |
| 含油量/(mg/L) | ≤5.0 | ≤6.0 | ≤15.0 | ≤30.0 | ≤50.0 |

　　制浆造纸工业废水排放量大、浓度高、成分复杂、可生化性差、色度高并含有一些有毒物质。而造纸工业废水污染物排放标准也由 GB 3544—2001 标准中 COD 排放量低于 150mg/L 和 SS 排放量低于 100mg/L 提高到 GB 3544—2008 标准中 COD 排放量低于 100mg/L、SS 排放量低于 50mg/L 和色度 50 倍。传统的生物处理方法已难以满足排放要求。因此，废水需经过深度处理，去除生物处理残余的污染物，达到回用或排放标准。

　　综上所述，提高工业废水的污染物去除率对其排放或回用愈加重要。废水的深度处理已经成为国内外的研究热点之一，光催化、臭氧氧化、膜过滤和吸附处理等技术发展迅速，然而上述处理技术由于运行费用高、实际操作复杂，没有得到广泛应用。目前，混凝处理是最佳的深度处理技术，常用的混凝药剂包括聚合氯化铝、聚合硫酸铝铁、聚合硫酸铁等，但是这些药剂处理效果较差，并且铝系药剂会导致处理出水中残留铝，具有一定的生物毒性。因此，开发性能优异、低成本、无毒环保的混凝药剂符合我国迫切的环保需求。

## 1.1.2　固体废弃物

　　固体废弃物严重污染土壤、水体和大气，已经成为全球最严峻的环境问题之一。粉煤灰是煤粉燃烧产生的固体废弃物，主要来源于燃煤火电厂。2009 年美国排放的粉煤灰为 $3.8 \times 10^8$ t，欧洲煤炭燃烧产物协会（ECOBA）会员国家排放的粉煤灰达 $3.714 \times 10^7$ t[1]。我国是一个煤炭资源十分丰富的大国，约 70% 的煤用于火力发电。2008 年粉煤灰排放

量达 $3.98 \times 10^8$ t，2015 年排放量达 $5.8 \times 10^8$ t。粉煤灰已经成为我国固体废弃物的最大单一污染源。硫酸烧渣是硫酸生产中的副产品，我国硫酸生产行业每年约产 $7 \times 10^6$ t 硫铁矿烧渣，绝大部分都闲置堆放，少量作为工业生产的添加剂使用[2]。大量粉煤灰和硫酸烧渣的堆积，严重污染环境、侵占土地、不能最大化利用剩余矿产资源。粉煤灰和硫酸烧渣的主要成分是硅、铝、铁和钙的化合物以及少量镁、钠、钾和钛的化合物[3,4]，有很大的利用潜力。硫酸是我国生产较多的化学产品，在化工、制药和农业等行业应用广泛。2007 年我国工业废硫酸量约 $8.9 \times 10^6$ t[5]。废硫酸具有强腐蚀性，且含有一定量的无机或有机杂质，容易造成环境污染。

20 世纪 80 年代，我国倡导关于治理固体废弃物的可持续发展政策，即无害化、减量化和资源化。固体废弃物的资源化再利用既可以减少环境污染、保护自然资源，又可以降低生产成本、提高经济效益，是处理固体废弃物的最佳方法。

# 1.2 混凝剂研究进展

混凝在废水处理、饮用水净化以及污泥处理等过程中发挥重要作用，广泛应用于去除固体悬浮物、染料、有机污染物、臭味、有毒物质、氮、磷和油脂等。混凝处理是通过投加化学或生物药剂，打破水中分散的微细污染物的稳定性，使之聚集成絮体或絮团从而分离。混凝中使用的药剂称为混凝剂或絮凝剂。传统的铝盐、铁盐和硅酸等因为性能较差逐渐被淘汰。近代发展起来的混凝剂包括无机高分子混凝剂、有机高分子混凝剂、生物混凝剂和复合混凝剂。

## 1.2.1 无机高分子混凝剂

无机高分子混凝剂是在传统混凝的基础上以不同工艺制备的产品，其结构易排列成有规则的微晶型，进而组成链状和分枝状，比传统的混凝剂有更强的吸附架桥作用。20 世纪 60 年代初期日本和苏联首先开展了碱化预制铝盐的研究和生产应用，随着 20 世纪 60 至 70 年代聚合类混凝剂不断发展，碱式氯化铝（BAC）、聚合氯化铝（PAC）、聚合硫酸铝（PAS）、聚合硫酸铁（PFS）和聚合氯化铁（PFC）等相继出现。瑞典的 Kemwater 公司生产出了碱化度不同的液体 PAC。活化硅酸由于具有很强的自聚能力，容易凝胶，多作为助剂用于水处理中。随着对混凝剂研究的深入，发现金属离子与聚硅酸复配能够提高稳定性和混凝效果。

我国对无机高分子混凝剂的研究也于 20 世纪 60 年代起步，在生产、应用和技术水平方面不断发展进步。在 60 年代初期，主要以废铝灰、煤矸石和铝矾土矿石等为原料生产聚合铝混凝剂，但以矿石为原料时制备工艺复杂，难以大规模生产；70 年代末期，开始出现以氢氧化铝凝胶为原料制备聚合铝的工艺；80 年代，聚合铁混凝剂的研究开始发展，参照日本铁矿业株式会社制备 PFS 的工艺[6]，国内一些研究者以铁矿石、废渣和废液为原料，通过多种氧化和催化工艺制备聚合铁混凝剂[7]。中科院生态环境研究中心研制了 PFC，并开发了稳定剂[8~10]。

## 1.2.2　有机高分子混凝剂

按照来源不同，可以将品种繁多的有机高分子混凝剂大致分为天然高分子混凝剂和人工合成高分子混凝剂两大类。

（1）天然高分子混凝剂

将存在于自然界或动植物体内的高分子物质如淀粉、纤维素、植物胶类和甲壳素等提取后进行改性，制备的产品称为天然高分子混凝剂。20 世纪 70 年代，国外开始对此类混凝剂进行改性研究，目前已有商品化产品。但国内相关研究起步较晚，发展相对缓慢。

1）淀粉改性混凝剂　由于其具有来源广泛、价格较低和无毒无害等特点，因此成为研究热点。对淀粉进行改性，一般是利用其与丙烯酰胺、丙烯腈和丙烯酯等发生接枝共聚反应，生成分子空间体积大、支链细长、混凝能力强的产物。淀粉还可与胺类化合物发生醚化改性反应，生成阳离子型混凝剂。国外淀粉改性技术较为成熟，如 Budond（巴克曼公司）、Aerofloc（氨氰公司）等，已经开发了多种产品。国内对淀粉改性的研究也很多，于洪海采用 $\alpha$-淀粉酶对玉米淀粉进行水解，以硝酸铈铵作为引发剂，与丙烯酰胺接枝共聚，生成改性淀粉混凝剂，并考察其溶解性。结果表明：水解接枝改性淀粉混凝剂效果良好，其溶解度也明显提高[11]。武世新等以过硫酸铵为引发剂，淀粉、丙烯酰胺为原料，采用反相乳液聚合合成改性淀粉混凝剂，确定了最佳反应条件，混凝实验表明其除油率为89%，吸水率达350%[12]。李艳平等将马铃薯淀粉与2-氯-3-羟丙基氯化铵进行醚化反应合成交联阳离子淀粉为混凝剂，并对含油废水进行混凝实验，发现其除油和COD的效果较好[13]。

2）壳聚糖　甲壳素在自然界中的含量仅次于纤维素。壳聚糖是甲壳素脱乙酰化的产物，是一种线性分子，有良好的络合、混凝和生物降解性能。20世纪70年代，日本首先将壳聚糖混凝剂用于废水处理[14,15]，壳聚糖主要用于去除废水中的固体悬浮物和胶体[16]。Rizzo等用壳聚糖混凝剂处理橄榄油厂废水，固体悬浮物最佳去除率为81%[17]，但是关于其去除有机物的报道较少[18]。

（2）人工合成高分子混凝剂

根据不同需求人工制备的具有不同链长度和官能团的高分子混凝剂，可以分为阳离子型、阴离子型、两性型和非离子型四大类型。在合成类有机高分子混凝剂中，聚丙烯酰胺（PAM）及其衍生物应用最为广泛，占聚合型高分子混凝剂总量的55%以上[19]。全世界PAM的产量在2000年已高达$49 \times 10^4 t$，我国PAM的产量约为$10 \times 10^4 t$。PAM分子量在$5 \times 10^5 \sim 1 \times 10^7$之间，具有电中和和架桥连接能力。阴离子型PAM由非离子型PAM水解或PAM与丙烯酸盐等共聚制备产生。阳离子型PAM是PAM的阳离子改性或PAM与阳离子共聚产生的。两性型PAM可通过大分子改性法或共聚合成法制备，其兼具阴、阳离子两种基团，适用于处理带有不同电荷的污染物，用量少，絮体含水率低。杨爱丽[20]采用不同分子量的阳离子PAM结合$MgCl_2$助剂对低放含钚废水进行混凝处理，钚去除率大于95%，处理后钚放射性浓度低于$1Bq/L$。薛媛利用PAM处理炼油废水，确定了PAM处理炼油废水的最佳条件，石油类物质的去除率达97.96%，COD去除率达90.92%，$NH_3$-N去除率达54.36%[21]。

有机高分子混凝剂具有种类多、受pH值影响小和絮体量少等优点，其生产和应用都已取得了长足发展，但是仍存在一些问题和不足，例如天然有机高分子混凝剂电荷密度小、分子量小，发生生物反应会失去混凝活性。人工合成 PAM 时，残留单体丙烯酰胺具有神经毒性和致癌性，其使用过程中的安全和二次污染问题应予以重视。

### 1.2.3 生物混凝剂

微生物混凝剂包括微生物产生的代谢产物、微生物细胞壁提取物和微生物细胞，这些物质具有混凝活性，能使固体悬浮物连接在一起，使胶体脱稳。

微生物的代谢产物包括多糖、脂类、蛋白质及其复合物[22]，混凝活性较强的是多糖类物质。例如活性污泥中的生枝动胶菌，生长期不向胞外分泌多糖，细菌浮游分散，而生长后期分泌胞外多糖，使细菌凝集[23,24]。Kurane 等从土壤中分离出红平球菌产生的混凝剂 NOC-1，对地表水、泥浆水和造纸废水等均具有良好的混凝脱色效能[25]。

微生物细胞壁提取物是微生物混凝剂的重要来源，目前主要利用藻类提取多糖、脂类和蛋白质等物质，例如从褐藻细胞壁中提取的多糖类物质褐藻酸和岩藻多糖都是良好的微生物混凝剂。另外，酵母菌和丝状真菌细胞壁中的多糖和蛋白质类物质也有较好的混凝能力。细菌细胞壁中含有脂多糖、磷壁酸和 N-乙酰葡萄糖胺等混凝物质，但是由于菌体小，不易收集，研究较少。

不同种类的微生物表面成分和结构差异可能导致混凝，因此微生物细胞可以直接用作混凝剂。不同微生物混合，由于各自细胞表面成分结构和带电性差别较大，容易发生混凝；同种微生物之间可通过菌体表面变化，例如细胞自溶或破裂，促进混凝发生。目前，微生物混凝剂原料、操作和设备研究还不够成熟[26]，生产成本较高，其仍然不能与无机混凝剂、有机混凝剂有效竞争。

### 1.2.4 复合混凝剂

无机混凝剂、有机混凝剂和微生物混凝剂各有优点和不足，例如无机聚合混凝剂价格较低廉，但是其在水处理中聚合度及混凝效果通常低于有机混凝剂。对于复杂稳定的废水，单一混凝剂的处理效果往往不太理想。近年来，对于复合混凝剂的研究越来越多，复合混凝剂可以分为复配混凝剂和复合使用混凝剂，根据具体废水水质和水况不同，使用两种或两种以上混凝剂配合，利用其协同增效效果，可以提高混凝效率，降低处理成本。

20世纪80年代末期国外开始研制聚硅酸与金属盐复合混凝剂，加拿大Handy公司于1989年首次研制出聚合硅酸铝（PASS）。日本学者Hasegawa等将铝、铁引入聚硅酸中制备出阳离子型聚硅酸-铝或铁混凝剂，其稳定性和混凝性能优于传统混凝剂[27]。20世纪90年代，国内也开始研究聚硅酸金属盐混凝剂。最早开始研究聚硅酸与金属盐复合混凝剂的是山东大学高宝玉教授，不仅开发生产了多种复合混凝剂，还深入分析了混凝剂的形态结构和作用机理等[28~31]。栾兆坤等利用聚合硅酸钠与金属盐在一定pH值下聚合，得到聚合硅酸金属盐混凝剂（PSMS）[32]。刘和清等在聚硅酸溶液中加入一定量的锌离子，得到聚硅酸锌混凝剂[33]。张爱丽等用氢氧化钠溶液浸渍粉煤灰，然后将浸渍液与聚合硫酸铁复合得到聚硅酸复合聚合硫酸铁混凝剂[34]。虽然研发的混凝剂种类繁多，但是能到达工业生产要求并有一定市场竞争力的产品较少。

也有一些学者对无机和有机混凝剂复合进行了研究。汤心虎等将AF-GO混凝剂和PAM复合，用于处理活性艳红K-2BP模拟废水，结果表明，复合混凝剂当投加量为750mg/L时，脱色率达99%，且节省混凝剂用量1/2，沉淀污泥少，混凝颗粒大，沉淀速度快[35]。高宝玉以聚合氯化铝（PAC）混凝剂和聚二甲基二烯丙基氯化铵（PDM-DAAC）混凝剂为原料制备出了PAC-PDMDAAC复合混凝剂，发现该复合混凝剂与PAC相比，铝的各种形态含量不同，且随PDMDAAC的含量（P）、黏度和PAC的碱化度变化而发生变化，说明PDMDAAC与PAC之间发生了相互作用，P＝10%的复合混凝剂处理黄河水有良好的混凝效果[36]。刘文敏等[37]以结晶氯化铝、氯化铁和阳离子PAM为原料，将聚合氯化铁铝（PAFC）通过氢键桥联作用接枝到CPAM链上合成PAFC-CPAM高分子杂合混凝剂，确定了最佳合成条件，其对$COD_{Cr}$的去除率可达52.17%。

综上所述，提高效率、降低成本、绿色环保是混凝剂的发展方向。复合混凝剂的研发逐渐得到重视，然而在混凝剂制备过程中原料选取、工艺简化、环境保护等方面研究还有很多工作要做。

# 1.3 聚硅酸金属盐混凝剂

## 1.3.1 聚硅酸金属盐混凝剂种类

聚硅酸（PS）一般是将水玻璃稀释后与活化剂混合，搅拌活化到一定程度制备而成的[38]。聚硅酸经过自缩合可以形成大分子量的网状结构，具有较好的吸附架桥和网捕作用。但是因其容易凝胶、pH 值难控制、储存期短、需现场配制而限制了它的应用范围。在聚硅酸中引入金属离子，可以延缓凝胶、提高混凝性能。聚硅酸和金属离子之间相互作用对复合物的分子结构、带电性质、混凝能力和分子量分布等都有一定的影响[39]。按照金属离子的种类，可以把聚硅酸金属盐混凝剂分为聚硅酸单金属盐混凝剂和聚硅酸多金属盐混凝剂。

聚硅酸单金属盐混凝剂是聚硅酸与单种金属盐复合形成的无机高分子混凝剂，常见的有聚硅酸铝和聚硅酸铁。以硫酸铝、硅酸钠和铝酸钠为原料，在高剪切力条件下制备出的聚硅酸铝具有一定碱化度、稳定且易溶于水，对聚硅酸铝的物理化学性质、形态结构以及硅铝间相互作用方式进行研究[40,41]，超滤结果发现，聚硅酸铝分子量达 $10^5 \sim 10^6$，比 PAC 高 2 个数量级，说明聚硅酸铝的吸附架桥能力更强；电泳结果表明，聚硅酸铝在较低的 pH 值范围内，铝盐水解产物促进废水中胶体电中和脱稳，然后通过聚硅酸吸附架桥作用形成矾花，而在较高的 pH 值范围内，电中和脱稳和吸附架桥作用几乎同时发生，促进胶体形成矾花沉降分离，并且不同硅铝摩尔比的聚硅酸铝处理废水时具有不同的最优pH 值范围；$^{29}$Si NMR、化学分析和透射电镜结果证明聚硅酸铝混凝剂由于铝与硅酸之间存在吸附络合作用，可以增加混凝剂的稳定性，延缓凝胶时间。李晓湘以粉煤灰为原料制备聚硅酸铝，分析了聚合条件对混凝剂的影响，并将产品用于处理工业废水，与传统混凝剂处理效果进行比较，结果表明，聚硅酸铝混凝效果明显优于硫酸铁和氯化铝，用药量少、絮体密实、沉降速度快，对印染厂废水的 COD 去除率可达 87.6%[42]。

与聚硅酸铝混凝剂相比，聚硅酸铁混凝剂具有矾花大、沉降速度快、絮体量少、安全无毒、pH 值适用范围广等优点，推广应用前景良好。Ohno 等对聚硅酸铁絮体尺寸的成长特性进行初步研究，发现该类混凝剂在快速搅拌阶段就能形成较好的絮体，并且絮体强度大于铝系混凝剂[43]。日本对聚硅酸铁混凝剂研究较早，并申请了多项专利。我国高宝玉等[28]研制了聚硅酸硫酸铁，考察了不同条件下聚硅酸硫酸铁水解产物表面的 ζ 电位变化情况，研究了 $Fe/SiO_2$ 摩尔比对混凝性能、最佳混凝 pH 值范围的影响，发现 $Fe/SiO_2$ 摩尔比为 1.5 左右时，除浊效果最佳。对聚硅酸硫酸铁的合成工艺、不同制备方法和不同产品性能比较的研究，发现 Si/Fe 摩尔比、活化温度、活化时间等都对聚硅酸硫酸铁的混凝性能有影响[44,45]。使用聚硅酸硫酸铁处理炼油污水时，SS 去除率、除油率、浊度去除率和 COD 去除率都高于 PAC[46]。张永刚等[47]以硅酸钠、三氯化铁合成聚硅氯化铁，发现 $Fe/SiO_2$ 摩尔比为 1.2 时，所制备的混凝剂处理效率优于常规混凝剂。聚硅酸氯化铁处理泥煤水除浊率、COD 和 SS 的去除率分别达 98%、99.4% 和 98.5%[48]。Wang 等[49]采用不同方法制备聚硅酸并与铁盐合成聚硅酸铁（PFSi）混凝剂，研究了其形态分布，发现硅的种类及 Si/Fe 摩尔比会影响 PFSi 形态分布，在一定碱化度下，随 Si/Fe 摩尔比增加，单体形态（$Fe_a$）增加，胶体形态的（$Fe_c$）下降，没有发现低聚体或中聚体形态（$Fe_b$）。

聚硅酸多金属盐混凝剂是在聚硅酸中同时或逐次引入两种或两种以上的金属离子，以利用各金属离子之间、金属离子与硅酸之间相互作用，提高电中和和吸附架桥能力。研究最多的是聚硅酸铁铝混凝剂。铝系混凝剂脱色效果好，但絮体松散、沉降速度慢。铁系混凝剂形成的絮体密实、沉降快，但脱色作用较差。将铁盐和铝盐都引入聚硅酸中，可以减弱各自弱点，提高混凝性能。

以粉煤灰为原料制备聚硅酸铁铝混凝剂，并分析其形态结构，发现（Al＋Fe）/Si 摩尔比对硅、铁、铝之间的聚合方式和形态有很大影响，（Al＋Fe）/Si 摩尔比为 12 时混凝剂除浊率最好，（Al＋Fe）/Si 摩尔比为 16 时 COD 去除率最高[50]。以硅酸钠、硫酸铁和硫酸铝为原料，用一步法合成聚硅酸铁铝混凝剂（PAFSC），并研究了（Fe＋Al）/Si 摩尔比对其混凝性能的影响，发现常温、（Fe＋Al）/Si 摩尔比为 5、Fe/Al 摩尔比为 1 时 PAFSC 性能优良，储存时间较长[51]。聚硅酸的形貌为球形或椭球形，而聚硅酸铝铁的形貌为枝杈状，有分形特征，说明 Al、Fe、

Si 之间相互作用，形成了新的聚合物[52]。红外光谱分析也证实了聚硅酸铝铁中部分 Al、Fe 离子及水解络合 Al、Fe 离子与聚硅酸发生络合反应生成聚合物[53]。Ferron 逐时比色法研究发现聚硅酸铁铝随着陈化时间的延长、铁和聚硅酸摩尔数的增加，铁的形态逐渐由低聚物 $Fe_a$ 向高聚物 $Fe_c$ 转化[54]。聚合硅酸氯化铝铁处理造纸脱墨废水时，浊度、色度和 COD 去除率分别可达 99.1%，99.2% 和 78.6%。对于浊度和 COD 较高的废水，聚硅酸铝铁的混凝性能明显高于 PAC 和 PFC[55]。用以油页岩制备的聚硅酸铁铝混凝剂处理含油废水，浊度和 COD 去除率分别可达 90% 和 57%[56]。

近年来，也有一些对于含有多种金属离子的聚硅酸盐混凝剂制备的研究。罗序燕等[57]制备了含硼聚硅酸铝铁锌（PSAFZB）复合混凝剂，确定了最佳制备工艺条件，制备的混凝剂稳定时间可达 30d 以上，用 PSAFZB 处理印刷废水和印染废水，效果良好、处理成本低。含硼聚硅酸铝铁的 XRD 图谱和红外图谱研究表明，其具有密实的枝状结构，且枝杈较粗，说明金属盐及其水解产物和聚硅酸等组分之间有相互作用，利用含硼聚硅酸铝铁对造纸废水和焦化废水进行处理，发现矾花产生迅速、粗大密实，其浊度、COD 的去除能力均优于 PAC、聚合铁铝和聚硅酸铝铁[58]。

目前，对聚硅酸金属盐混凝剂的原料间结合互作、形貌结构以及混凝作用机理等领域仍然鲜有系统而透彻的研究，这也阻碍了该类混凝剂的深入发展和推广。

## 1.3.2　聚硅酸金属盐混凝剂的研究进展

1937 年，Baylis 发现水玻璃在酸性介质中聚合形成聚硅酸，并具有混凝性能[59]。1967 年，Stumm 研究阐明了活化硅酸的制备的化学原理和特征。20 世纪 30 年代中后期，聚硅酸开始应用于水处理中。聚硅酸在水处理中具有架桥连接、增加碰撞频率的作用，但是其带有负电荷，保存周期短，一直作为助凝剂使用。

20 世纪 80 年代，国外开始研究聚硅酸金属盐混凝剂，国内也于 20 世纪 90 年代开始相关研究。将聚硅酸和金属盐强化复合，一方面引入金属盐可以延缓聚硅酸短期凝胶化，相对减弱其负电荷强度；另一方面聚硅酸可以增强复合混凝剂的架桥连接能力，提高分子量和纳米颗粒粒度。Handy 公司 1989 年研发出聚硅酸硫酸铝后，于 1991 年投放生产，年产量 $3 \times 10^4$ t，还在日本和美国建立了年产 $2 \times 10^4$ t 的工厂。

聚硅酸金属盐混凝剂多是利用化学试剂或工业产品进行活化、聚合或在高剪切力条件下进行聚合制备的。1999 年，Boisvert 在聚合铝中分别引入硅酸根和硫酸根，研究比较了复合物的形态变化[60]。2005 年，Gao 等[61]研究了 $SO_4^{2-}/Al^{3+}$ 比和碱化度对聚硅酸氯化铝性能的影响，发现当碱化度为 2 时，随着 $SO_4^{2-}/Al^{3+}$ 比从 0 增加到 0.1，聚硅酸氯化铝粒度从 25nm 增加到 80nm；$SO_4^{2-}/Al^{3+}$ 比、碱化度和 pH 值也影响着 Zate 电位，随着 $SO_4^{2-}/Al^{3+}$ 比增加，Zate 电位也增大；当 $SO_4^{2-}/Al^{3+}$ 比为 0.0664、碱化度为 2 时，聚硅酸氯化铝去除有机污染物和浊度的效率最高。2008 年，Zouboulis 等利用水玻璃和硫酸铁制备聚硅酸硫酸铁混凝剂，发现 Fe/Si 和 OH/Fe 摩尔比会影响其化学性质、混凝性能和导电性，并且制备的聚硅酸硫酸铁比其他铁系混凝剂的效果更好[44,45]。2012 年，边伟等[62]采用硅酸钠、四硼酸钠、硫酸铝和硫酸铁制备了含硼聚硅酸铝铁，确定了最佳制备条件，分析了混凝剂的形态，证明含硼聚硅酸铝铁中含有无定型大分子聚合物，处理含油废水时，色度去除率可达 90%，COD 去除率达 75% 以上。

近年来，利用工业废弃物进行浸取、活化和聚合制备聚硅酸金属盐混凝剂的研究也越来越多。许佩瑶等[63]利用粉煤灰碱浸得水玻璃，酸化活化成聚硅酸，然后将碱浸残渣和硫铁矿渣混合酸浸得金属盐溶液，羟化聚合后引入聚硅酸制得聚铁铝硅，并确定了混凝剂效果最优时碱化度为 0.3、Si/(Al+Fe) 比为 1:20，对纸箱废水和生活污水的处理结果表明聚铁铝硅的 COD 去除率高达 80% 以上，远高于 PAC 和 PFC。张开仕等[64]利用粉煤灰碱浸得水玻璃，酸化活化成聚硅酸，然后将碱浸残渣和废铁屑混合酸浸得金属盐溶液，加入浓硫酸和双氧水并通入氧气制得聚合硫酸铁铝，最后按一定的 Si/(Al+Fe) 摩尔比向聚合硫酸铁铝中加入聚硅酸，得到聚合硫酸铁铝硅，处理工业废水实验结果表明，聚合硫酸铁铝硅的浊度去除率达 99%、COD 去除率达 92%，明显高于传统无机混凝剂。用粉煤灰、硫酸烧渣为原料制备聚硅酸铁铝混凝剂的研究较多，也有用其他废弃物或两种以上废弃物混合制备聚硅酸金属盐混凝剂的研究[28,65~67]。

根据聚合方式不同可以将聚硅酸金属盐混凝剂的制备方法分为两种：第一种是复合法，即把金属盐经羟基化聚合后再与聚硅酸混合[64]；

第二种是共聚法，即把金属盐和聚硅酸先混合再加以羟基化聚合[68]。两种方法本质都是将 Si(Ⅳ) 与 Al(Ⅲ) 或 Fe(Ⅲ) 的羟基和氧基聚合。然而两种方法制备的混凝剂特性不尽相同，Moussas 等[69]分别采用共聚法和复合法制备了聚硅酸硫酸铁（PFSiS），前者用 PFSiSc 表示，后者用 PFSiSm 表示。XRD 和 FT-IR 分析表明，在混凝剂中形成了基于 Fe—Si 和 Fe—O—Si 键的新的化学组分，该混凝剂形态同时具有无定型和晶型特征，Fe/Si 摩尔比对混凝剂结构和性能有明显影响；Ferron 形态分析发现 PFSiSc 中铁离子和聚硅酸形成了大的聚合产物，而 PFSiSm 中聚合硫酸铁加入预先制备的聚硅酸中则不利于铁聚合物的形成；混凝效果研究表明，PFSiSc 的混凝性能优于 PFSiSm，而二者都比硫酸铁的混凝效果好。

随着复合混凝剂研究的增多，也有一些将聚硅酸金属盐与有机高分子混凝剂复合的研究，取得了良好的处理效果[70,71]。

用化学试剂制备的聚硅酸金属盐混凝剂性能稳定，但成本较高。利用粉煤灰等废弃物为原料制备聚硅酸金属盐混凝剂工艺较复杂，产品效果不稳定，储存时间较短，并且对传统制备工艺改进的研究较少。因此，未来聚硅酸金属盐混凝剂的发展方向是降低成本、提高混凝性能和稳定性、简化工艺。

# 1.4 混凝理论研究

## 1.4.1 混凝剂形态学

混凝剂在水中会发生水解反应产生水合离子和氢氧化物，进而通过电中和、吸附架桥和网捕作用将废水中的胶体物质脱稳沉降出来。混凝剂水解形态分布直接影响混凝效果。

对铝系混凝剂形态分布的研究较多。一般认为 Al(Ⅲ) 在水解进程中由于水解脱质子和羟基桥联聚合两类反应由单核化合态转化为多核羟基络合态。多核羟基铝的化合态可以分为初聚物、低聚物、中聚物、高聚物、微晶粒和沉淀物。初聚物以二聚物为主，低聚物以 $Al_6$-$Al_8$ 为主，中聚物指聚十三铝（$Al_{13}$），高聚物泛指聚合度高于 $Al_{13}$ 而尚可溶于水的聚合态，电荷值继续上升最终达到中性沉淀态。通常认为 $Al_{13}$ 是反映铝系混凝剂性能的化合态。对于多核羟基铝化合态的组成和转化途径，不同学者提出了各种模型，大致可以分为"六元环"和"Keggin 笼式"两大类模型。采用 Ferron 逐时络合比色法和 $^{27}$Al NMR 法可以分析溶液中铝的水解聚合形态[72~74]。Ferron 逐时络合比色法将铝的形态分为 $Al_a$、$Al_b$ 和 $Al_c$ 三类。$Al_a$ 是与 Ferron 显色剂瞬时反应的单核物或初聚物形态，$Al_b$ 是在一定时间内逐步与 Ferron 显色剂反应的低聚物和中聚物形态，$Al_c$ 是在一定时间内尚不能与 Ferron 试剂反应的高聚物和沉淀物。$^{27}$Al NMR 法可以定量分析各种羟基铝的形态。Ferron 逐时络合比色法测定的 $Al_b$ 大致相当于 $^{27}$Al NMR 法测出的 $Al_{13}$。

对铁系混凝剂的形态研究发现，水溶液中 Fe(Ⅲ) 的水解、络合、聚合、溶胶和沉淀反应与 Al(Ⅲ) 有相似之处但更为复杂。Spiro 首次从硝酸铁溶液中分离出高分子羟基铁聚阳离子，鉴定其形态为直径 7nm 的球体。后人利用凝胶柱过滤和电子显微镜等分析不同铁盐溶液中聚合物的形态变化，认为多核羟基络合铁或羟基聚合铁是经过水解反应过程生成的，该过程分为 4 步：a. 生成低分子量化合态；b. 生成阳离子聚合物；c. 聚合物熟化转化为氧化物相；d. 有一部分氧化物相是从低分子量前驱物直接沉淀生成的。Fe(Ⅲ) 的水解-聚合过程比较复杂，也没有统一的研究方法和参数指标，对其水解机理和优势混凝形态的研究还不十分清楚。

Felmy[75] 对高碱高浓度溶液中聚硅酸形态分布进行研究，并总结修正了前人的研究结果，提出聚硅酸形态的 6 种分类：a. 单核物 $H_4SiO_4$、$H_3SiO_4^-$、$H_2SiO_4^{2-}$；b. 二聚体 $Si_2O_2(OH)_2^{2-}$；c. 链状或环状三聚体；d. 链状、环状或其他形状四聚体；e. 五聚体；f. 高电荷聚合物。Si—Mo 逐时络合比色法和 $^{29}$Si NMR 法可以初步分析聚硅酸形态分布，化学平衡计算的结果也有参考价值，但尚不能达到准确定量计算。多价金属离子与非金属形成的羟基和氧基配体有生成多核化合态的趋势。例如金属铁、铝水解生成多核阳离子，铬、钼生成多核阴离子，非金属硅、硼生成多核阴离子；它们在一定条件下发生缩合和羟基化反应，生成更多核的中间产物，进一步发展成羟基或氧基聚合物。聚硅酸与铝或铁的各种水解形态相互作用，形成包括 Si—O—Fe、Si—O—Al 等键合的化合态。硅与金属离子的摩尔比以及聚合物的碱化度会影响硅与金属离子的聚合强度以及形态分布[31]。

除了 Ferron 逐时络合比色法，光散射法、核磁共振、小角度 X 射线衍射、紫外光谱和红外光谱等测试手段也用于混凝剂形态分析研究[76~78]。随着研究的深入，可以从混凝剂化学形态、表面结构方面着手，探讨混凝作用机理。

## 1.4.2　絮体分形理论

20 世纪 70 年代，Mandelbrot 首次提出分形概念，建立了分形理论[79]。他认为分形是物质整体和组成部分有某种方式相似的形，具有自相似性和标度不变性两个特征。

分形维数是描述分形的一个基本参数。近年来，有学者将分形理论引入混凝过程研究中，用分形维数表征絮体的复杂形态[80,81]。

分形维数（$D_f$）的测定方法包括影像分析法、计算机模拟法、密度法和光散射法等[82]。图像分析法是最为常用的方法，即对絮体放大拍照，利用图像处理软件分析絮体图像，得到絮体投影面积、周长、某一方向上的长轴等。然后按照如下关系式来计算絮体的分形维数。

一维分形维数计算：

$$P \propto d_L^{D_1} \tag{1-1}$$

二维分形维数计算：

$$A \propto d_L^{D_2} \tag{1-2}$$

三维分形维数计算：

$$V \propto d_L^{D_3} \tag{1-3}$$

式中　$A$——投影面积，$m^2$；

　　　$P$——周长，m；

　　　$d_L$——某一方向上的长轴，m；

　　　$V$——根据絮体平面图像投影面积等参数构建出的等效球体或椭球体而计算出的体积，$m^3$。

散射法是用激光照射絮体，根据下式计算分形维数：

$$I(Q) \propto Q^{D_f} \tag{1-4}$$

$$Q = (4\pi n \lambda) \sin(\theta/2) \tag{1-5}$$

式中　$I(Q)$——小角度散射光强度，cd；

　　　$Q$——散射角 $\theta$ 与入射光波长 $\lambda$ 的函数；

$n$——介质的相对折射率。

此外，还有密度法、粒径分布法等其他方法。但是不同方法计算出的分形维数不具有可比性。

絮体的分形维数可以表征其密度、强度、碰撞速率、沉降速度和粒径分布等特性。絮体的密度和空隙率与结合的颗粒数相关，Tambo等[83,84]建立了逐步成长絮体分形结构模型，提出：

$$D_f = 3 + 3\ln(1-\varepsilon)/\ln[m/(1-\varepsilon)] \qquad (1\text{-}6)$$

式中　$\varepsilon$——空隙率，%；

　　　$m$——颗粒数，个。

可以看出絮体分形维数越高，结合颗粒数越多，空隙率越低。

絮体强度通常以无定型体系稳定时絮体的最大平均直径来描述，反映了其抗破碎性能。絮体破裂主要由于裂解或剥离破坏，而絮体分形维数和强度随絮体粒径增加而减小[85]。

絮体密实度与迎流面阻力影响絮体的沉降速度，前者与三维分形维数相关，后者与二维分形维数相关，由于三维分形维数大于二维分形维数，所以絮体密实度对沉降速度的影响大于迎流面阻力。当$D_f \leqslant 2$时，絮体的空隙率较高，可渗透性降低了迎流面阻力，提高了沉降速度。当$2 \leqslant D_f \leqslant 3$时，若絮体质量相同，则分形维数越小，絮体尺寸越大，阻力也越大，沉降速度越小[86]。

絮体分形维数决定了其有效捕捉半径；另外，絮体内孔可渗透性降低了迎流面阻力，影响了絮体间碰撞。这些影响对$D_f \leqslant 2$的絮体很重要，研究表明，具有分形特征的絮体聚集反应是非线性动力学过程[87,88]。

## 1.4.3　混凝作用机理

现代凝聚-混凝理论于20世纪20年代建立，早期的研究者认为混凝机理包括铁盐、铝盐水解生成正电离子、胶体，与负电胶体杂质相互凝聚，生成的絮体对胶体及溶液杂质又进一步吸附卷扫，这些观点至今仍是认识混凝过程的基础。

20世纪60年代，Stumm和O'Melia等在凝聚-混凝机理中提出新的观点，成为混凝机理研究深入发展的基础。Stumm等[89]在经典胶体化学Gwoy-Chapman双电层理论模型基础上提出"凝聚的化学观"，认为凝聚的双电层物理理论要与化学理论结合，铁、铝盐的水解产物是多核络合物及聚合物，是凝聚作用的主要化合态，在混凝机理中引入络合以及聚合的观念。O'Melia 对凝聚的化学计量学以及 Hahn 对凝聚的动力学进行了一系列研究[90,91]，Stumm 和 O'Melia[92,93]对颗粒物聚集过程提出了统一模式。

La Mer 等[94]提出了混凝的吸附架桥理论，认为混凝剂聚合物在水中，分子链上的活性集团通过与胶体表面的氢键、离子键和配位键结合或静电引力，以"架桥"形式将胶粒束缚在聚合物分子活性部位，形成絮体。另外，只有胶体部分表面被混凝剂覆盖时才能产生有效的吸附架桥作用，所以混凝剂有最佳投放量。

汤鸿霄[95]认为凝聚脱稳是卷扫和吸附架桥作用的前提。主要因为胶体颗粒间的静电斥力阻碍其有效碰撞，混凝剂水解聚合物长度有限，若胶体颗粒稳定性高，黏结架桥作用就没有效果，而胶体颗粒脱稳程度越高，有效碰撞次数越多，则促进混凝。胶体颗粒相互接近时，带较弱电荷的可以与电位较高的颗粒相互吸引并在第二极小值处产生黏结架桥作用。

20 世纪 80 年代，表面络合模式及其计算程序在混凝过程定量计算中有了新的发展。Letterman 等[96]认为硫酸铝水解生成氢氧化铝沉淀，黏结吸附在胶体颗粒表面发生电中和及混凝作用，应用 MINEQL 程序计算提出了硫酸铝的凝聚-混凝模式。王志石[97]运用双电层电位计算和表面络合沉淀的原理对混凝和过滤的理论模式进行了计算。但都主要考虑铝溶解化合态在混凝中的作用，并且不适用于聚合类混凝剂，应用范围有一定局限性。Dentel 等[98]对 Letterman 的模式进行了改进简化，并认为他提出的计算方法也适用于聚合氯化铝。王东升等用[99]铝水解产物形态分布对 Dentel 简化模式加以修正，得出了一种可能适用于聚合混凝剂的计算模式。

综合来说，混凝过程是压缩双电层、电中和、吸附架桥和卷扫网捕等同时或交叉发挥作用的结果。压缩双电层是指增加胶体分散体系中反离子活性电解质来减少扩散层厚度。电中和是指带有异号电荷的胶粒表面或分子部位相互吸引，发生电中和，减少静电斥力，使胶体颗粒脱稳。吸附架桥是指聚合物分子链活性部位与胶体颗粒发生吸附，黏结为絮体。卷扫网捕是指胶体颗粒作为沉淀物形成时的晶核或被絮体卷带去除。随着研究手段的进步，对混凝机理的研究也在持续深入。

# 1.5 混凝动力学

20 世纪 20 年代，Smoluchowski[100]在 6 个假设前提下提出了离散型混凝动力学方程，至今仍是混凝动力学的基础。由于假设过于简单，后人对该方程不断修正以推广其适用范围，如考虑三维流体运动，提出了层流模型和速度梯度 $G$ 值，在广泛应用的同时也受到很多争议。在离散型混凝动力学方程和层流模型基础上，有学者提出了紊流混凝动力学理论以及颗粒运动轨迹理论。

早期的理论模型可以归结为宏观经验的定性计算，随着对混凝过程研究的深入以及计算机技术的发展，混凝动力学的研究已经转向数学模型的定量计算。利用数值模拟手段可以开展实际混凝过程的流场计算，从而实现流态对混凝效果的影响分析。其广泛应用对反应器的改进、实际工程应用指导和混凝机理的分析具有十分重要的意义。目前，采用数值模拟手段对混凝过程进行数值模拟已逐渐成为国际上新的研究热点。

## 1.5.1 计算流体动力学

计算流体动力学（Computational Fluid Dynamics，CFD）是流体力学的一个重要分支。通过 CFD 方法设定边界条件、建立基本守恒方程并对其进行离散和迭代求解，可以实现流场、浓度场和温度场等物理场基本信息的数值预测。CFD 方法具有如下优点：

① 通过数值模拟可以详细了解特定过程或系统中气流分布、重量减少、传质、传热以及颗粒分离的情况；

② 相比于实验，CFD 研究可以节省时间并降低成本；

③ 可以短时间内进行多种实验条件的模拟；

④ 不受实验规模限制；

⑤ 可以获得实验中难以测量的数据；

⑥ 不仅评估实际问题的影响，还可以深入分析根本原因。

一般来说，CFD 模拟由前处理、处理和后处理三部分组成[101]。

1）前处理　计算前的数解过程称为前处理。包括问题分析、网格化和生成计算模型。在问题分析中主要考虑流量问题，对所要研究的物理化学问题进行数学表达，选择相应的控制方程。网格化是指创建需要分析的问题域形状，在这一过程中，问题域被细分为众多小单元。大多数 CFD 软件包可以同时进行网格划分和定义形状。网格化完成后，即可确定问题域的边界并设定边界条件。对于瞬态问题，指定初始条件，这些条件结合流体参数和物理属性解决特定的实际流体问题。网格划分影响着模拟的精确度，在三维问题中，足够细致独立的网格划分是模拟精确的关键。

2）处理　涉及使用计算机求解流体流动的数学方程。网格化后，给定求解控制参数，软件求解每一小单元的状态方程直到实现可接受的收敛。在这一过程中，离散化方程施用于网格的每一个独立小单元，该过程以迭代的方式重复，直到达到所需的精度。处理软件是 CFD 软件包的核心，可以提供数学模型、计算方法、离散方法、收敛方法和准则。

3）后处理　进行分析评价得到的数据。当模型已经得到解决，其结果可以数字化和图形化分析。CFD 软件的后处理工具可以提供数据储存、导出以及创建二维和三维图像。为用户提供矢量图、等值线图、粒子轨迹图、云图等。并可以处理图像打印输出。

CFD 的工作流程如图 1-1 所示，主要分为数学抽象、数值求解、确

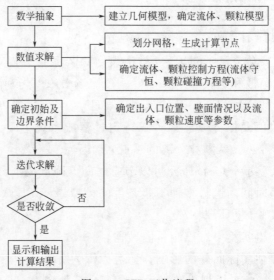

图 1-1　CFD 工作流程

定初始及边界条件、迭代求解和显示和输出计算结果等步骤。

其中初始和边界条件是控制方程有确定解的前提。初始条件是所研究对象各个求解变量的初始空间分布情况，边界条件是在求解区域边界上所求解变量或其倒数随时间和地点的变化规律。对于初始和边界条件的设置直接影响计算结果的精度。对代数方程组进行迭代求解以及判断解的收敛性是得到计算结果的关键步骤。

在商用 CFD 软件中往往提供多种不同的方程组解法，如线性方程组可采用 Gauss 消去法或 Gauss-Seidel 迭代法求解，非线性方程组可利用 Newton-Raphson 法求解。由于网格形式、大小和对流项离散插值格式等原因，可能导致解发散，对于稳态问题或某个时间步上瞬态问题的解，经常要通过多次迭代才能得到。在迭代过程中，要随时监视解的收敛性，并在达到指定精度后结束迭代过程。

CFD 可以深入分析流体力学以及大量设备的局部反应，广泛应用于流体动力学各方面的研究。在工程设计和环境分析中，CFD 模拟有助于提高设备性能、可靠性以及生产力等，已经成为设计分析中不可或缺的部分。CFD 在探究和解决水处理过程研究中发挥着重要作用[102]。Le Moullec 等[103]建立了气液横流反应器 CFD 模型，与实验室规模的反应器对比，发现 COD 和硝酸盐浓度分布的实验与模拟结果一致。Brannock 等[104]针对生物反应器和膜模块开发 CFD 模型，对比大型膜生物反应器的实验结果，发现污泥沉降和流变最低程度影响停留时间分布。

朱家亮等[105]利用欧拉-欧拉双流体模型构建 CFD 数学模型，研究内循环流化床的气液运动，并置入漏斗型导流内构件。结果表明该模型能较适用于流化床内气液流场结构的分析，漏斗型导流内构件置于流化床中可以稳定流场和延长气泡的停留时间，提高相际间的混合与传质效果。集氧化沟和二沉池于一体的 AmOn 反应器，是新型污水处理生化反应器。崔鹏义等[106]对该反应器好氧区曝气方式进行改进和 CFD 模拟，结果表明，双管曝气方式比单管曝气的液速和气含率分布更加均匀合理，有利于气液和液固传质，提高了污水处理效果。

20 世纪 60 年代以来，随着计算机硬件和计算方法的发展，CFD 软件也快速发展。常见的商用 CFD 软件包括 FLUENT（ANSYS 公司）、

PHOENICS（Concentration Heat & Momentum Ltd 公司）、CFX（ANSYS 公司）、CFD-ACE（CFD Research Corporation 公司）和 STAR-CD（Computational Dynamics Ltd 公司）等。其中 ANSYS 公司是世界上最大的商业 CFD 软件供应商之一，它为大范围的工业应用提供 FLUENT、FIDAP、POLYFLOW 和 CFX 等软件。FLUENT 是目前功能最全面、国内外最流行的 CFD 软件之一，与传统 CFD 软件相比具有稳定性好、适用范围广和精度高等优点。

FLUENT 是用于模拟分析流体在复杂几何区域内流动和热交换问题的专用软件，它本质上是解算器，可以导入网格模型、提供计算的物理模型、设置边界条件和材料特性、迭代求解和后处理。FLUENT 支持多种前处理软件，例如 GAMBIT、TGrid、prePDF 和 GeoMesh 等软件，用于建立几何模型并生成网格。FLUENT 解算器基于有限容积法和非结构化网格，模拟层流、湍流、多相流和化学反应等复杂现象。FLUENT 是完全非结构化的，支持不连续网格以提高预算效率，还支持混合、变形和滑动网格，具有多种基于解的网格的自适应、动态自适应技术以及动网格与网格动态自适应相结合的技术，具有计算、常识性界面和用户定义函数的功能。

FLUENT 软件提供分离式求解器（Segregated solver）和耦合式求解器（Coupled solver）两类求解器，前者是逐一顺序地求解方程，主要适用于不可压或微可压流动；后者是同时求解耦合方程组，然后逐一求解标量方程，主要适用于高速可压流动。求解器可采用显式（implicit）和隐式（explicit）两种方案将离散的非线性控制方程线性化。在分离式求解器中只采用隐式方案，在耦合式求解器中可采用隐式或显式两种方案。选择求解器的格式后，就可以确定计算模型。FLU-ENT 具有多种计算模型，例如多相流模型有 VOF 模型、混合模型和欧拉模型，湍流模型有 Spalart-Allmaras 单方程模型、Reynolds 应力模型和大涡模拟模型等。

FLUENT 作为流行的 CFD 软件也广泛用于废水处理研究，吴春笃等[107]利用 FLUENT 中 $k$-$\epsilon$ 双方程湍流模型对分段进水厌氧折流板反应器（SABR）进行流场模拟，考察不同进水流量对反应器的速度场、压力场以及湍动性能影响。Lainé 等利用 FLUENT 软件模拟几何形状为圆形的混凝沉降槽，解释了絮体上浮和总悬浮物外溢的现象[108]。

已有一些研究将 CFD 模型用于混凝过程研究，其中能较好与实际应用结合的是对二沉池的 CFD 模拟。沉淀池可以分为平流式、竖流式和辐流式 3 种。Al-Sammarraee 等[109]对水处理厂中矩形平流式沉淀池进行两相流的 CFD 数值模拟，采用了欧拉-拉格朗日模型对沉淀池内絮体颗粒沉降特性进行三维大涡模拟，计算了不同粒度颗粒和总颗粒的沉降效率，模拟得到了沉淀池中水流场、颗粒速度场和浓度场分布，分析了絮体沉降现象。Fan 等[110]采用双流体模型对圆形二沉池进行了两相流模拟，分析研究了沉淀池内挡板位置和高度变化对池中流场和颗粒物浓度分布的影响。发现在挡板附近区域固体颗粒物的浓度分布与没有挡板的区域非常不同，挡板的遮挡有利于固相的积累。在挡板置于不同位置的沉淀池中，外部区域的固体成分浓度随挡板位置上升而增加。肖尧等[111]针对城市污水处理厂辐流式二沉池，用 FLUENT 软件，采用欧拉-拉格朗日和欧拉-欧拉模型对池内流态、固相行为和分布进行模拟。结果表明，固体颗粒行为和分布受颗粒粒径、密度以及特殊流动的影响，不同于理想沉降轨迹。随着颗粒粒径和密度减小，颗粒越容易受漩涡等特殊流动影响，沉淀效果也越差。将数值模拟的结果与实际污水处理厂数据进行对比发现，模拟结果较为精确可靠，对实际工程应用有指导意义。

但是，目前的研究多侧重于对反应器进行流体动力学模拟，改进反应器的结构，提高水处理效率。对于混凝过程进行模拟，尤其是考虑混凝剂的特性以及絮体颗粒碰撞聚集和解体情况，探讨混凝机理的研究非常少。

## 1.5.2　群体平衡模型

群体平衡（Population Balance，PB）模型是 FLUENT 中的一种计算模型，广泛用于模拟动态粒子和液滴的尺寸分布，例如聚集、混凝和结晶过程。

在混凝过程中有粒子碰撞频率和碰撞效率两个重要参数。颗粒能否接触并最终黏结取决于碰撞频率，而碰撞效率实际上是粒子间相互作用力的函数。

Smoluchowski[100,112]考虑了在层流体中不同大小粒子的碰撞频率，提出：

$$\beta_{ij} = \frac{4}{3}\gamma(a_i + a_j)^3 \tag{1-7}$$

式中 $\beta_{ij}$——从 $i$ 到 $j$ 大小的粒子碰撞频率，$m^3/s$；

$\gamma$——层流剪切速率，$s^{-1}$；

$\alpha_i$——第 $i$ 个粒子的半径，m；

$\alpha_j$——第 $j$ 个粒子的半径，m。

Camp 和 Stein[113]引入了空间平均湍流剪切率，提出：

$$\beta_{ij} = \frac{4}{3}\sqrt{\frac{\Phi}{\mu}}(a_i + a_j)^3 \tag{1-8}$$

式中 $\Phi$——单位体积能量耗散率，$kg/(m \cdot s^3)$；

$\mu$——流体黏度，$N \cdot s/m^2$。

Camp 和 Stein 的假设过于简单，Saffman 和 Turner[114]假设颗粒较小，是中性浮力球形的，湍流具有同向和均质性，聚合时缓慢，颗粒间没有水力或胶体的相互作用，颗粒可能大于微尺度的情况下惯性很重要，通常认为聚合率与 $\varepsilon^{1/2}$ 成正比。Saffman 和 Turner 提出：

$$\beta_{ij} = 1.294\sqrt{\frac{\varepsilon}{\nu}}(a_i + a_j)^3 \tag{1-9}$$

式中 $\varepsilon$——单位质量的湍流能量耗散率，$m^2/s^3$；

$\nu$——动力黏度，$m^2/s$。

上式有一些限制条件，但仍广泛用于描述实际系统。虽然通常高估了实际聚合率，但是捕捉效率 $\alpha$ 常用于弥补这一差异。混凝剂表面覆盖度可能也是阻碍粒子碰撞的原因之一。

Smoluchowski 于 1917 年[100]首次提出了 PB 模型，该模型认为粒子可能由于差异沉降、布朗运动和流体剪切而碰撞。他作了一些简化假设，例如流体为层流剪切运动、颗粒为实心球体且具有单分散性、碰撞仅发生于 2 个颗粒间且会引起附着以及絮体形成后不再破碎，提出了离散型混凝动力学方程：

$$\frac{dN_k}{dt} = \frac{1}{2}\sum_{i=1, i+j=k}^{k-1}\beta_{ij}N_iN_j - \sum_{i=1}^{\infty}\beta_{ik}N_iN_k \tag{1-10}$$

式中 $N_i$——第 $i$ 个大小颗粒的数目；

$t$——时间，s。

后人在此基础上改进 PB 模型，引入了捕捉效率项和描述聚合破碎项：

$$\frac{dN_k}{dt} = \frac{1}{2} \sum_{i=1, i+j=k}^{k-1} \alpha\beta_{ij} N_i N_j - \sum_{i=1}^{\infty} \alpha\beta_{ik} N_i N_k - S_k N_k + \sum_{l=k+1}^{\infty} \Gamma_{lk} S_l N_l$$

$$(1\text{-}11)$$

式中　$\alpha$——捕捉效率 [0，1]；

　　　$S_k$——第 $k$ 个大小粒子的破碎率，$s^{-1}$；

　　　$\Gamma_{lk}$——破碎分布函数，即一个 $l$ 大小的粒子破碎成 $k$ 大小粒子的数目。

近年来，PB 模型广泛应用于动态离子或液滴尺寸分布模型地建立，例如凝聚和混凝过程等。它可以模拟粒度分布，得出一系列方程描述聚合速率[115]。絮体的粒度分布（FSD）影响絮体沉降速度和固体悬浮物浓度，是混凝过程的关键变量。它受一系列因素的影响，如初始颗粒粒度分布、溶液 pH 值、温度、聚合物浓度和分子量分布等。

PB 模型可以用于模拟混凝过程和预测 FSD 随时间的变化[116]。在应用的过程中，学者也结合实际情况对模型进行了不断修正。Heath[115]采用 CFD 数值计算软件 CFX4 对聚合混凝剂的混凝过程进行了分析，发现采用 PB 方程比流动方程能更快速收敛。Somasundaran[117]详细介绍了单纯聚合、破碎以及同时聚合-破碎建立的模型，他指出已有的混凝模型的缺点 a. 没有考虑悬浮颗粒表面的相互作用力；b. 碰撞率经常假定为一致或作为拟合参数；c. 假设流场均匀或混凝搅拌池流体速度梯度均匀。他采用适用于不同的流体流动结构的简洁程序，还强调了解决实际问题要综合考虑悬浮物的选择性混凝、复合混凝剂、混凝剂/表面活性剂吸附动力学，混凝剂与表面活性剂相互作用以及悬浮液中的气泡等方面。Nopens[118]利用激光衍射技术测定了在不同剪切率和钙投放量条件下絮体尺寸分布，并结合 PB 模型描述了实验结果，发现质量中间直径随剪切率升高而减小，当钙投放量超过 8mg/L 时，质量中间直径有所增大。Heath[119]利用 PB 模型描述了管道湍流中方解石混凝的聚集/破碎动力学，该模型描述了聚集和破碎过程，并用 4 个拟合参数说明了相关的因素：流体剪切力、混凝剂剂量、初始离子大小和固相率。粒子碰撞效率开始设为 0，混凝剂投加后快速上升并用混凝剂混合/吸附的公式计算。高分子量聚合物混凝剂聚合胶体颗粒通常不会达到一个固定的聚集大小，聚集速率和破碎速率是相等的。因此由于聚合物链断裂或破碎聚集体会逐步减小。Runkana[120]提出了在静态流量条件下，胶体悬浮物桥接混凝的 PB 模型，碰撞效率表征为粒子间相互作用力的函数，范德华引力的和为总相互作用能，混凝剂吸附颗粒产生了双电层排斥、架桥连接和空间位阻等作用。标度理论用于计算混凝剂吸附产生的作用力，由于粒子周围有混凝剂层，范德华引力被适当修改。该研究首次将混凝剂诱导表面作用力引入混凝模型，使之比之前的模型有更广的应用范围。

目前，PB 模型已被用于简单的凝聚或粒子破碎模拟，并且与实际测定结果有较好的吻合性。但更复杂的凝聚破碎行为以及与 CFD 结合模拟高分子混凝剂混凝过程尚需要开展进一步的深入研究。

# 1.6 本书研究目的、意义和内容

## 1.6.1 研究目的和意义

随着经济发展，工业废水和固体废弃物的排放日益增加。由于环保标准越来越严格，工业污染物的处理要求也不断提高。其中废水的深度处理技术迅速发展，出现了精细过滤、预氧化，光催化分解和膜分离等新技术，但是这些处理方法的运行费用很高，设备养护复杂。混凝处理能够破坏废水中胶体的稳定性，去除有机物、固体悬浮物和毒性物质等，是最为关键的废水深度处理技术之一。混凝剂的去除污染性能直接影响后续处理工艺负荷和整个处理效果，因此制备高效低成本的混凝剂成为废水深度处理的重要研究方向。

固体废弃物中粉煤灰和硫酸烧渣含有硅、铁、铝、钙以及少量镁、钠、钾、钛等化合物，适合用于制备聚硅酸盐混凝剂。近年来，有一些制备聚硅酸盐混凝剂的研究，但工艺复杂，对原料和设备要求较高，产品效果不稳定，储存时间较短。

本书研究目的在于改进利用废弃物制备聚硅酸盐混凝剂的工艺，研发一种新方法制备聚硅酸盐混凝剂（PSiC），简化工艺、缩短生产周期、提高产品除污效率并且降低成本。同时分析混凝剂形态结构、混凝性能、絮体分形特征，并结合混凝过程数值模拟探讨 PSiC 混凝机理。

为新型高效低成本混凝剂制备和工业推广提供技术支持，并且为混凝剂机理研究提供理论基础。

## 1.6.2 主要研究内容

本书以工业废弃物为原料，首次提出了"同时聚合法"制备 PSiC，即同步进行硅酸聚合、金属盐羟基化聚合以及硅与金属离子聚合。并且研究了 PSiC 混凝形态和动力学，分析探讨其混凝机理。

本书的技术路线如图 1-2 所示。

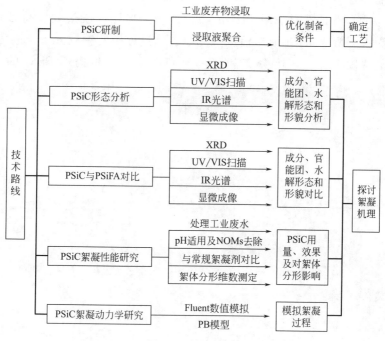

图 1-2　技术路线

本书的主要研究内容如下。

① 通过单因素实验考察温度、时间、碱或酸浓度和液固质量比对工业废弃物浸取效果的影响，确定合适的预处理条件。采用"同时聚合法"进行制备 PSiC，并且通过正交实验考察 Si 浓度、聚合 pH 值、Si/(Al＋Fe) 摩尔比、Fe/Al 摩尔比和聚合时间等对 PSiC 性能的影响，确定合适的制备参数和工艺。

② 通过 X 射线衍射（XRD）、红外光谱（IR）、紫外/可见吸收扫描

（UV/VIS）以及显微成像等多种表征方法，分析了不同 Si/（Fe＋Al）摩尔比和 pH 值对 PSiC 中 Si、Fe 与 Al 的络合过程、程度和形态的影响，初步探讨其混凝机理。

③ 用传统方法制备聚硅酸盐混凝剂（PSiFA），通过 XRD、IR、UV/VIS 扫描和显微成像等表征方法分别分析 PSiC 和 PSiFA。对比两种混凝剂形态结构、混凝性能和絮体分形维数，探讨 PSiC 和 PSiFA 的混凝机理。

④ 考察 PSiC 处理采油、造纸和印染废水等工业废水的用量和效果，并与常规混凝剂对比。研究了 Si/（Fe＋Al）比和 pH 值对 PSiC 混凝性能和絮体分形维数的影响，分析了其除污染机理。

⑤ 基于 PB 模型采用 FLUENT 软件对 PSiC 混凝过程进行数值模拟，深入分析 PSiC 在圆形辐流沉淀池混凝过程中的颗粒分布、速度场、混凝剂浓度分布、压力分布和密度分布等，进一步揭示 PSiC 的混凝机理。

# 2

# 实验材料与实验方法

# 2.1 实验材料及仪器设备

## 2.1.1 实验材料

本实验使用主要试剂及其规格如表 2-1 所列。混凝剂制备所使用的的工业废弃物包括粉煤灰、硫酸烧渣和废硫酸，分别取自西安大唐灞桥热电厂、陕西眉县硫酸厂，其成分如表 2-2 所列。

表 2-1　实验用主要试剂及规格

| 名　称 | 化学式 | 生产厂家 | 规　格 |
|---|---|---|---|
| 硅酸钠 | $Na_2SiO_3 \cdot 5H_2O$ | 天津开发区海光化学试剂厂 | 分析纯 |
| 硫酸铝 | $Al_2(SO_4)_3 \cdot 18H_2O$ | 天津市东丽天大化学试剂厂 | 分析纯 |
| 硫酸铁 | $Fe_2(SO_4)_3 \cdot xH_2O$ | 天津市博迪化工有限公司 | 分析纯 |
| 三氯化铝 | $AlCl_3 \cdot 6H_2O$ | 天津市致远化学试剂有限公司 | 分析纯 |
| 三氯化铁 | $FeCl_3 \cdot 6H_2O$ | 天津市东丽天大化学试剂厂 | 分析纯 |
| 浓硫酸 | $H_2SO_4$ | 成都市科龙化工试剂厂 | 分析纯 |
| 氢氧化钠 | $NaOH$ | 天津市恒兴化学试剂有限公司 | 分析纯 |
| 氯化亚锡 | $SnCl_2$ | 天津市化学试剂三厂 | 分析纯 |
| 氯化汞 | $HgCl_2$ | 西安化学试剂厂 | 分析纯 |
| 浓磷酸 | $H_3PO_4$ | 成都市科龙化工试剂厂 | 分析纯 |
| 浓盐酸 | $HCl$ | 成都市科龙化工试剂厂 | 分析纯 |
| 二苯胺磺酸钠 | $Cl_2H_{10}NNaO_3S$ | 天津市东丽天大化学试剂厂 | 分析纯 |
| 重铬酸钾 | $K_2Cr_2O_7$ | 西安化学试剂厂 | 分析纯 |
| 水玻璃 | $Na_2SiO_3 \cdot 9H_2O$ | 西安西北化工厂 | 工业级 |
| 抗坏血酸 | $C_6H_8O_6$ | 天津市恒兴化学试剂有限公司 | 分析纯 |
| 二甲酚橙 | $C_{31}H_{32}N_2O_{13}S$ | 天津市大茂化学试剂厂 | 分析纯 |
| 乙酸 | $C_2H_4O_2$ | 天津市致远化学试剂有限公司 | 分析纯 |
| 乙酸钠 | $CH_3COONa$ | 天津市恒兴化学试剂有限公司 | 分析纯 |
| 锌粒 | $Zn$ | 天津市中泰化学试剂有限公司 | 分析纯 |
| 乙二胺四乙酸 | $C_{10}H_{16}N_2O_8$ | 天津市凯通化学试剂有限公司 | 分析纯 |
| 氯化钾 | $KCl$ | 天津市恒兴化学试剂有限公司 | 分析纯 |
| 氟化钾 | $KF$ | 天津市致远化学试剂有限公司 | 分析纯 |
| 磷酸氢二钠 | $Na_2HPO_4$ | 天津市化学试剂三厂 | 分析纯 |
| 酚红 | $C_{19}H_{14}O_5S$ | 天津市福辰化学试剂厂 | 分析纯 |
| 硫酸亚铁铵 | $(NH_4)_2Fe(SO_4)_2 \cdot 6H_2O$ | 天津市恒兴化学试剂有限公司 | 分析纯 |
| 磷酸二氢钠 | $NaH_2PO_4$ | 天津市化学试剂三厂 | 分析纯 |
| 溴百里香酚蓝 | $C_{27}H_{28}Br_2O_5S$ | 天津市德华化学试剂厂 | 分析纯 |

表 2-2  废弃物成分及含量（质量分数）　　　单位：%

| 成分 | 粉煤灰 | 硫酸烧渣 | 废硫酸 |
|---|---|---|---|
| 三氧化二铝 | 27.67 | 4.78 | — |
| 三氧化二铁 | 9.56 | 50.43 | — |
| 二氧化硅 | 56.78 | 22.27 | — |
| 氧化钙 | 1.57 | 2.58 | — |
| 氧化镁 | 1.25 | 0.63 | — |
| 氧化钾 | 1.12 | 1.57 | — |
| 硫酸酐 | 0.55 | 7.2 | — |
| 氧化钠 | 0.4 | 0.82 | — |
| 氧化锌 | 0.5 | 1.83 | — |
| 其他 | 0.6 | 7.89 | 18.13 |
| 硝酸 | — | — | 9.41 |
| 硫酸 | — | — | 69.26 |
| 四氧化二氮 | — | — | 3.20 |

## 2.1.2　仪器设备

实验中所使用的仪器设备如表 2-3 所列。

表 2-3　实验中主要仪器设备

| 名称 | 型号 | 生产厂家 |
|---|---|---|
| pHS-3C 型精密 pH 计 | pHS-3C | 上海雷磁仪器厂 |
| 电热干燥箱 | CS101-2AB | 中国重庆银河试验仪器有限公司 |
| 多功能消解装置 | HB-1 | 广东省医疗器械厂 |
| 控温磁力搅拌器 | 85-2 | 江苏丹阳门科教仪器厂 |
| 浊度仪 | HI93703 | 意大利 HANNA 公司 |
| 电子天平 | FA2004 | 上海精科天平 |
| 混凝试验搅拌机 | ZR4-6 | 深圳中润水工业技术发展有限公司 |
| 数显恒温水浴锅 | HH-2 | 国华电器有限公司 |
| 红外光谱仪 | Tensor 37 | 德国 Bruker 公司 |
| X 射线衍射仪 | D/MAX-RB | 日本 Rigaku 公司 |
| 紫外分光光度计 | TU-1810 | 北京普析通用仪器有限公司 |
| 显微成像系统 | XSP(2XC) | 中国第五光学仪器厂 |

## 2.2 混凝实验及水质分析方法

### 2.2.1 混凝实验

采用烧杯搅拌实验,将水样置于六联搅拌仪上,快速搅拌同时投加一定量混凝剂。设置搅拌程序为:快搅150r/min,2min;慢搅30r/min,10min;沉降30min,在液面下3cm处取上清液用于各指标分析。

实验用废水:造纸厂一沉池和二沉池出水取自西安万隆造纸厂,印染废水生化处理出水取自陕西第二印染厂,采油废水取自延长油田。上述工业废水的水质指标见第6章。

### 2.2.2 水质分析

水质分析方法采用《水和废水监测分析方法》(2002)中的标准分析方法,主要的分析指标包括浊度、pH值、COD、色度、各种离子含量和$UV_{254}$等。具体的分析方法见表2-4。

表2-4 水质指标及分析方法

| 水质指标 | 分析方法 |
| --- | --- |
| 浊度 | 浊度仪 |
| pH值 | pH计 |
| COD | 重铬酸钾法 |
| 色度 | 稀释比色法 |
| 含油量 | 分光光度法 |
| SS | 滤膜过滤器 |
| 氯离子含量 | 硝酸银沉淀滴定法 |
| 总铁 | 磺基水杨酸比色法 |
| 矿化度 | 重量法 |
| $SO_4^{2-}$ | 铬酸钡分光光度法 |
| $Ca^{2+}$ | 络合滴定法 |

| 水质指标 | 分析方法 |
|---|---|
| $Mg^{2+}$ | 络合滴定法 |
| $Ba^{2+}$ | 络合滴定法 |
| $Cr^{2+}$ | 络合滴定法 |
| $UV_{254}$ | 紫外分光光度法 |

# 2.3　形态结构表征方法

### 2.3.1　X射线衍射仪（XRD）法

将混凝剂置于烘箱中50℃干燥数小时后，用玛瑙研钵研磨成粉末状，采用X射线衍射仪对其分析，工作条件为电压40kV，电流40mA，扫描角度范围为10°~80°，速度5°/min，用MDI Jade6.0软件对图谱中的各个峰与X射线衍射标准卡片数据库进行匹配分析。

### 2.3.2　红外光谱（FT-IR）法

将粉末状固体混凝剂与KBr混合压片后置于红外光谱仪中分析，波数范围为4000~400cm$^{-1}$。

### 2.3.3　紫外/可见吸收（UV/VIS）扫描法

将混凝剂稀释400倍，立即用紫外分光光度计对其进行扫描。扫描的波长范围为190~700nm。

### 2.3.4　显微成像系统分析

将液体混凝剂样品置于载玻片上，常温干燥，用显微成像系统观察并拍照。

# 2.4 分型维数测定方法

## 2.4.1 分型维数计算

絮体的面积和周长的函数关系为：

$$S = kL^u \qquad\qquad (2\text{-}1)$$

式中　$S$——面积，$m^2$；

　　　$k$——常数；

　　　$L$——周长，m；

　　　$u$——分型维数。

两边取对数，将其转化为：

$$\ln S = u\ln L + \ln k \qquad\qquad (2\text{-}2)$$

由上式可知，$\ln L$ 与 $\ln S$ 是呈线性关系的，测定不同的 $L$ 和 $S$，就可根据 $\ln S$ 与 $\ln L$ 的直线关系作图，求出直线的斜率，即为絮体的分形维数。

## 2.4.2 分型维数测定

混凝实验结束后，用吸管小心吸取烧杯底部的絮体置于载玻片上，常温干燥，用光学成像系统观察混凝体，并拍摄图像。运用计算机软件处理图像，测定絮体的周长和面积。根据测定的数据于双对数坐标轴上作图，求得直线的斜率即为分形维数。

# 3

# 聚硅酸盐混凝剂（PSiC）的研制

聚硅酸盐混凝剂是 20 世纪 90 年代发展起来的复合无机高分子混凝剂，它综合了活化硅酸及铝盐、铁盐混凝剂的优点。硅带负电荷，金属离子带正电荷，它们在溶液中的分子量约为数百至数千，可以相互结合成大小不同、结构各异的低聚、中聚和高聚体[49,121]。如聚硅酸铝铁（PSiF），聚硅酸锌硫酸盐（PZSiS），聚硫酸铁硅酸盐（PFSiS）等[122~124]，它们把聚硅酸和聚金属盐的优点结合起来，同时具有电中和、吸附架桥和网捕作用，混凝效果好。现已成为当今混凝剂研究主流，但其制备大都以化学药剂为原料，成本高昂。

随着经济发展，工业废弃物排放量日益增加。其中粉煤灰和硫酸烧渣含有 Si、Fe、Al、Ca 以及少量 Mg、Na、K、Ti 等化合物[50,56,125]。粉煤灰中 Si、Fe、Al 等化合物主要以莫来石（$3Al_2O_3 \cdot 2SiO_2$）、硅酸盐玻璃体和 $Fe_3O_4$ 等形式存在，用强碱液溶解粉煤灰，可将 $SiO_2$ 溶出成为硅酸钠，剩余的残渣与硫酸烧渣混合后用废硫酸浸取，可以较容易地将 Fe、Al 等金属离子溶出。近年来，有一些用粉煤灰等废弃物为原料制备聚硅酸盐复合混凝剂的研究，但工艺复杂，对原料和设备要求较高，产品效果不稳定，储存时间较短。

聚硅酸盐混凝剂是把金属盐引入到聚硅酸中制成，传统的制备方法有 2 种：a. 复合法，是把原料预先经过羟基化聚合后再混合；b. 共聚法，是把原料先混合再加以羟基化聚合。两种方法制备的混凝剂特性不同，然而其本质目的都是将 Si(Ⅳ) 与 Al(Ⅲ) 或 Fe(Ⅲ) 的羟基和氧基聚合。但是，同时进行硅酸聚合和金属盐羟基化聚合的研究较少。

本章首次对同步进行硅酸聚合、金属盐羟基化聚合以及硅与金属离子聚合的"同时聚合法"进行研究。以粉煤灰、硫酸烧渣和废硫酸为主要原料，采用单因素实验考察温度、时间、碱或酸浓度和液固质量比对浸取效果的影响，然后由废弃物浸取液聚合制备 PSiC。并且设计正交试验，考察 $SiO_2$ 浓度、聚合 pH 值、Si/(Al＋Fe) 摩尔比、Fe/Al 摩尔比和聚合时间等对 PSiC 的性能影响。

# 3.1 PSiC制备

## 3.1.1 工业废弃物浸取

以粉煤灰和硫酸烧渣为原料，经过碱液和废硫酸分别浸取制得水玻璃和金属盐溶液，用于制备 PSiC。在搅拌条件下，采用单因素实验考察温度、时间、碱或酸浓度和液固质量比对 $SiO_2$ 和 Fe 浸取量的影响。结果见表 3-1 和表 3-2。综合考虑能耗、效率和效果等因素，选择温度 90℃、时间 2h、碱或酸浓度 6mol/L 以及液固质量比为 4 的浸取条件。

表 3-1　碱浸条件筛选

| 水平 | 因素 | | | | $SiO_2$ 含量/(g·L) |
| --- | --- | --- | --- | --- | --- |
| | 碱浓度/(mol·L) | 浸取时间/h | 液固质量比 | 温度/℃ | |
| 1 | 4 | 2 | 4 | 90 | 21.76 |
| 2 | 6 | 2 | 4 | 90 | 24 |
| 3 | 8 | 2 | 4 | 90 | 30.08 |
| 4 | 6 | 3 | 4 | 90 | 30.4 |
| 5 | 6 | 4 | 4 | 90 | 48.13 |

表 3-2　酸浸条件筛选

| 水平 | 因素 | | | | Fe 含量/(g·L) |
| --- | --- | --- | --- | --- | --- |
| | 废酸浓度/(mol·L) | 浸取时间/h | 液固质量比 | 温度/℃ | |
| 1 | 4 | 2 | 4 | 90 | 53.1 |
| 2 | 6 | 2 | 4 | 90 | 78.47 |
| 3 | 8 | 2 | 4 | 90 | 82.6 |
| 4 | 6 | 2 | 2 | 90 | 70.8 |
| 5 | 6 | 2 | 3 | 90 | 76.06 |
| 6 | 6 | 1 | 4 | 90 | 60.17 |
| 7 | 6 | 3 | 4 | 90 | 94.4 |

### 3.1.2 PSiC 聚合

在搅拌条件下，将 3.1.1 部分中一定量的水玻璃溶液缓慢加入金属盐溶液中，用废硫酸调节其 pH 值，聚合一定时间，最后陈化 2d，制备完毕。PSiC 制备流程见图 3-1。

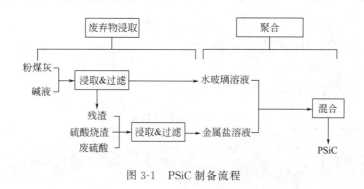

图 3-1　PSiC 制备流程

# 3.2　制备条件对PSiC性能的影响

影响聚硅酸金属盐混凝剂性能的因素有很多，例如 $SiO_2$ 浓度、聚合 pH 值、Si 与金属离子摩尔比和聚合时间等。正交试验以概率论和数理统计为基础，选择多个因素和水平组合列表设计实验，可以通过最少的实验次数得到最佳的效果。本研究以除浊和除有机物性能表征混凝剂品质，设计正交试验优化混凝剂的制备条件。

## 3.2.1　正交试验设计

设计 5 因素 5 水平的正交试验，如表 3-3 所列。考察 $SiO_2$ 浓度、聚合 pH 值、Si/(Fe+Al) 摩尔比、Fe/Al 摩尔比和聚合时间等对 PSiC 性能的影响。

表 3-3  正交试验因素水平表

| 水平 | 因素 | | | | |
|---|---|---|---|---|---|
| | A. SiO₂ 浓度/% | B. Fe/Al | C. Si/(Fe+Al) | D. pH 值 | E. 聚合时间/min |
| 1 | 2 | 6 | 0.8 | 5 | 10 |
| 2 | 2.5 | 7 | 1.3 | 2.1 | 20 |
| 3 | 3 | 8 | 1.8 | 1.8 | 30 |
| 4 | 3.5 | 9 | 2.3 | 1.5 | 40 |
| 5 | 4 | 10 | 2.8 | 1.2 | 60 |

## 3.2.2  正交试验结果

正交试验结果如表 3-4 所列。

表 3-4  正交试验结果

| 序号 | A. SiO₂ 浓度/% | B. Fe/Al | C. Si/(Fe+Al) | D. pH 值 | E. 聚合时间/min | 浊度去除率/% | COD去除率/% |
|---|---|---|---|---|---|---|---|
| 1 | 1 | 1 | 1 | 1 | 1 | 31.45 | 15.34 |
| 2 | 1 | 2 | 2 | 2 | 2 | 29.16 | 42.60 |
| 3 | 1 | 3 | 3 | 3 | 3 | 27.56 | 44.82 |
| 4 | 1 | 4 | 4 | 4 | 4 | 46.25 | 49.12 |
| 5 | 1 | 5 | 5 | 5 | 5 | 57.25 | 19.56 |
| 6 | 2 | 1 | 2 | 3 | 4 | 53.68 | 26.75 |
| 7 | 2 | 2 | 3 | 4 | 5 | 36.12 | 25.45 |
| 8 | 2 | 3 | 4 | 5 | 1 | 56.9 | 30.83 |
| 9 | 2 | 4 | 5 | 1 | 2 | 39.90 | −10.68 |
| 10 | 2 | 5 | 1 | 2 | 3 | 96.44 | 59.77 |
| 11 | 3 | 1 | 3 | 5 | 2 | 65.04 | 25.66 |
| 12 | 3 | 2 | 4 | 1 | 3 | 30.57 | 23.29 |
| 13 | 3 | 3 | 5 | 2 | 4 | 43.98 | 42.09 |
| 14 | 3 | 4 | 1 | 3 | 5 | 78.64 | 52.83 |
| 15 | 3 | 5 | 2 | 4 | 1 | 82.4 | 50.94 |
| 16 | 4 | 1 | 4 | 2 | 5 | 41.79 | 33.30 |
| 17 | 4 | 2 | 5 | 3 | 1 | 33.44 | −8.61 |
| 18 | 4 | 3 | 1 | 4 | 2 | 76.86 | 55.56 |
| 19 | 4 | 4 | 2 | 5 | 3 | 45.64 | 20.20 |
| 20 | 4 | 5 | 3 | 1 | 4 | 1.799 | 40.00 |
| 21 | 5 | 1 | 5 | 4 | 3 | 62.1 | 39.00 |
| 22 | 5 | 2 | 1 | 5 | 4 | 65.06 | 39.96 |
| 23 | 5 | 3 | 2 | 1 | 5 | 64.43 | 43.00 |
| 24 | 5 | 4 | 3 | 2 | 1 | 29.27 | 22.14 |
| 25 | 5 | 5 | 4 | 3 | 2 | 61.78 | 48.34 |

### 3.2.3 正交试验结果分析

（1）直观分析

从浊度和COD去除率看，实验号10（$A_2B_5C_1D_2E_3$）的去除率最高，浊度和COD去除率分别为96.44%和59.77%。

（2）计算分析

通过对正交试验数据计算分析，可以比较各因素影响的重要程度。对正交试验的计算分析结果如表3-5和表3-6所列，$K_1$、$K_2$、$K_3$、$K_4$、$K_5$分别表示各因素取不同水平时相应的实验结果之和，$\overline{K}_1$、$\overline{K}_2$、$\overline{K}_3$、$\overline{K}_4$、$\overline{K}_5$为其平均值。

表 3-5　除浊率计算分析表

| 因素 | A. $SiO_2$ 浓度/% | B. Fe/Al | C. Si/(Fe+Al) | D. pH 值 | E. 聚合时间/min |
|---|---|---|---|---|---|
| $K_1$ | 191.68 | 254.05 | 348.44 | 168.15 | 233.47 |
| $K_2$ | 283.04 | 194.35 | 275.31 | 240.64 | 272.75 |
| $K_3$ | 300.62 | 269.73 | 159.8 | 255.11 | 262.30 |
| $K_4$ | 199.53 | 239.71 | 237.28 | 303.73 | 210.77 |
| $K_5$ | 282.64 | 299.67 | 236.67 | 289.88 | 278.22 |
| $\overline{K}_1$ | 38.34 | 50.81 | 69.69 | 33.63 | 46.69 |
| $\overline{K}_2$ | 56.61 | 38.87 | 55.06 | 48.13 | 54.55 |
| $\overline{K}_3$ | 60.12 | 53.95 | 31.96 | 51.02 | 52.46 |
| $\overline{K}_4$ | 39.91 | 47.94 | 47.46 | 60.75 | 42.15 |
| $\overline{K}_5$ | 56.53 | 59.93 | 47.33 | 57.98 | 55.64 |
| 极差 | 21.78 | 21.06 | 37.73 | 27.12 | 13.49 |

表 3-6　COD 去除率计算分析表

| 因素 | A. $SiO_2$ 浓度/% | B. Fe/Al | C. Si/(Fe+Al) | D. pH 值 | E. 聚合时间/min |
|---|---|---|---|---|---|
| $K_1$ | 171.44 | 140.06 | 223.46 | 110.95 | 110.64 |
| $K_2$ | 132.12 | 122.69 | 183.49 | 199.90 | 161.48 |
| $K_3$ | 194.80 | 216.29 | 158.06 | 164.13 | 187.08 |
| $K_4$ | 140.45 | 133.61 | 184.88 | 220.06 | 197.93 |
| $K_5$ | 192.44 | 218.61 | 81.36 | 136.22 | 174.14 |
| $\overline{K}_1$ | 34.29 | 28.01 | 44.69 | 22.19 | 22.13 |
| $\overline{K}_2$ | 26.42 | 24.54 | 36.7 | 39.98 | 32.3 |
| $\overline{K}_3$ | 38.96 | 43.26 | 31.61 | 32.83 | 37.42 |
| $\overline{K}_4$ | 28.09 | 26.72 | 36.98 | 44.01 | 39.59 |
| $\overline{K}_5$ | 38.49 | 43.72 | -16.27 | 27.24 | 34.83 |
| 极差 | 12.54 | 19.18 | 28.42 | 21.82 | 17.46 |

从表 3-5 可以看出，在浊度去除方面，当 $SiO_2$ 浓度为 3% 时，PSiC 混凝性能最好。Fe/Al 比为 10 时，PSiC 的平均除浊率最高，当 Fe/Al 比减少时，平均除浊率也随之降低。在 Si/(Fe+Al) 比为 0.8 的时候，平均除浊率最高，随着 Si/(Fe+Al) 比的增加，处理水的剩余浊度先降低并逐渐平稳。随着 pH 值增加，平均除浊率都是先增加后降低，pH 值为 1.5，PSiC 的混凝性能最好，平均除浊率最高。聚合时间对除浊效果影响趋势不明显。

从表 3-6 可以看出，在 COD 去除方面，当 $SiO_2$ 浓度为 3% 时 PSiC 的 COD 去除率最高。但由于 $SiO_2$ 浓度与混凝剂稳定性、价格密切相关，所以其值也并非越高越好，当 Fe/Al 比、Si/(Fe+Al) 比以及 pH 值分别取 10、0.8、1.5 时 PSiC 的混凝性能最好，处理水的剩余 COD 最低。随聚合时间延长，COD 去除率先升高后降低。

用极差 $R$ 来描述各因素不同水平平均除浊率和平均 COD 去除率分散程度的大小，极差 $R$ 是由 $\overline{K_1}$、$\overline{K_2}$、$\overline{K_3}$、$\overline{K_4}$、$\overline{K_5}$ 值中最大数减最小数求得。从浊度去除考虑，极差 $R$ 的大小依次为 $R_3 > R_4 > R_1 > R_2 > R_5$，所以影响因子大小依次为 Si/(Al+Fe) 摩尔比＞聚合 pH 值＞$SiO_2$ 浓度＞Fe/Al 摩尔比＞聚合时间；从 COD 去除考虑，极差 $R$ 的大小依次为 $R_3 > R_4 > R_2 > R_5 > R_1$，影响因子大小依次为 Si/(Al+Fe) 摩尔比＞聚合 pH 值＞Fe/Al 摩尔比＞聚合时间＞$SiO_2$ 浓度。

（3）方差分析

正交实验数据的直观分析法简单明了，但不能把试验过程中试验条件改变所引起的数据波动与试验误差引起的数据波动区分开，同时不能估计影响试验结果的各因素的重要程度。

方差分析是把实验测定数据分解为各个影响因素的波动以及误差波动，然后将它们的平均波动进行比较，把实验测定数据总的波动分为两个部分：由于因素水平变化而引起的波动和由于实验误差而引起的波动，从而方差也可以分为产品方差和实验方差，前者是由于因素水平变化引起的波动，是因素本身的离散性存在的方差，是产品所固有的；后者是由于实验误差引起的波动，是实验误差（也称残差）引起的方差，它是由实验中的随机因素所引起的。

方差分析把实验数据总的偏差平方和（$S_T$）分为各个因素的偏差平方和与误差偏差平方和（Se），前者反映必然性而后者反映偶然性。

然后计算比较二者的平均偏差平方和，从而可以找出对实验观测数据有决定影响的因素，也就是显著性或极显著性的因素，作为定量分析判断的依据。

综上所述，方差分析能够为实验测定数据提供一个判断标准，分析各因素影响作用的显著性水平，在一定程度上弥补了直观分析法的不足。

采用 SPSS 16.0 软件对正交实验结果进行多因素方差分析，结果见表 3-7 和表 3-8。多因素方差分析的结果表明，从除浊率考虑，因素的影响程度大小依次为：Si/(Al＋Fe) 摩尔比＞聚合 pH 值＞$SiO_2$ 浓度＞Fe/Al 摩尔比＞聚合时间，从 COD 去除率考虑，因素的影响程度大小依次为：Si/(Al＋Fe) 摩尔比＞Fe/Al 摩尔比＞聚合 pH 值＞聚合时间＞$SiO_2$ 浓度。

表 3-7　除浊率方差分析

| 因素 | 偏差平方和 | 自由度 | $F$ 值 | 均方离差 | 影响因子大小 |
|---|---|---|---|---|---|
| $SiO_2$ 浓度 | 4262.75 | 4 | 8.796 | 1065.686 | ＊＊＊ |
| Fe/Al | 2425.39 | 4 | 5.005 | 606.348 | ＊＊ |
| Si/(Fe＋Al) | 7518.53 | 4 | 15.514 | 1879.632 | ＊＊＊＊＊ |
| pH 值 | 4511.88 | 4 | 9.310 | 1127.970 | ＊＊＊＊ |
| 聚合时间 | 1306.54 | 4 | 2.696 | 326.635 | ＊ |
| 误差 | 3392.41 | 28 | | | |

注：＊个数代表影响因子大小，＊越多，影响越大。

表 3-8　COD 去除率方差分析

| 因素 | 偏差平方和 | 自由度 | $F$ 值 | 均方离差 | 影响因子大小 |
|---|---|---|---|---|---|
| $SiO_2$ 浓度 | 1343.16 | 4 | 6.844 | 335.79 | ＊ |
| Fe/Al | 3558.00 | 4 | 18.130 | 889.50 | ＊＊＊＊ |
| Si/(Fe＋Al) | 4475.91 | 4 | 22.807 | 1118.98 | ＊＊＊＊＊ |
| pH 值 | 3196.87 | 4 | 16.290 | 799.22 | ＊＊＊ |
| 聚合时间 | 1845.97 | 4 | 9.406 | 461.49 | ＊＊ |
| 误差 | 1373.77 | 28 | | | |

注：＊个数代表影响因子大小，＊越多，影响越大。

各因素对 PSiC 除浊和去除 COD 效果的影响程度不同，对正交试验的结果的直观、计算和多因素方差分析进行综合考虑，认为 Si/(Al＋Fe) 摩尔比和聚合 pH 值对 PSiC 效果和稳定性的影响较大。

# 3.3 本章小结

本章提出了一种利用工业废弃物浸取液聚合制备聚硅酸盐混凝剂 PSiC 的"同时聚合法";采用单因素实验考察温度、时间、碱或酸浓度和液固质量比对工业废弃物浸取效果的影响,确定合适的浸取条件;并且设计 5 因素 5 水平的正交试验,考察 $SiO_2$ 浓度、聚合 pH 值、$Si/(Fe+Al)$ 摩尔比、$Fe/Al$ 摩尔比和聚合时间等对 PSiC 性能的影响。得到以下结论。

① 以粉煤灰、硫酸烧渣等工业废弃物为主要原料,经过碱和废酸浸取,然后由浸取液直接聚合制备 PSiC,实现同时进行硅酸聚合、金属盐羟基化聚合以及硅与金属离子聚合。该制备工艺简单、有效再利用工业废弃物、对设备要求较低、生产周期短、产品绿色环保并且成本降低,适合进行工业化生产推广,有良好的市场前景。

② 以 $SiO_2$ 和 Fe 浸取量为指标,采用单因素实验考察温度、时间、碱或酸浓度和液固质量比对工业废弃物浸取的影响。综合考虑能耗、效率和效果等因素,选择在搅拌条件下,温度 90℃、时间 2h、碱或废酸浓度 6mol/L 以及液固质量比为 4 的浸取条件。

③ 对 5 因素 5 水平的正交实验结果进行分析。直观分析结果表明实验号 10($A_2B_5C_1D_2E_3$)浊度和 COD 去除率是最高的,分别为 96.44% 和 59.77%;计算分析结果表明,当 $SiO_2$ 浓度、$Fe/Al$ 比、$Si/(Fe+Al)$ 比以及 pH 值分别取 3%、10、0.8、1.5 时,PSiC 的除浊度和去除 COD 的性能最好,聚合时间对除浊效果影响趋势不明显,COD 去除率随聚合时间延长先升高后降低;用 SPSS 软件对正交试验结果进行多因素方差分析,结果表明,从除浊率考虑,因素的影响程度大小依次为:$Si/(Al+Fe)$ 摩尔比>聚合 pH 值>$SiO_2$ 浓度>$Fe/Al$ 摩尔比>聚合时间,从 COD 去除率考虑,因素的影响程度大小依次为:$Si/(Al+Fe)$ 摩尔比>$Fe/Al$ 摩尔比>聚合 pH 值>聚合时间>$SiO_2$ 浓度。综合对正交试验的结果分析,认为 $Si/(Al+Fe)$ 摩尔比和聚合 pH 值对 PSiC 效果和稳定性影响较大。

# 4

# 聚硅酸盐混凝剂 (PSiC)
# 结构与形态分析

Al(Ⅲ) 在水解过程中，特别是加入强碱发生强化水解时，不断进行水解、络合、聚合、胶溶、沉淀和晶化，在这一系列转化过程中水解脱质子和羟基桥联聚合反应交错进行，从而由单核转化为两个以上 Al 原子结合的多核羟基络合态，进一步发展为更多 Al 原子结合的高分子聚合物并成为 Al 存在的优势形态。Al 浓度和溶液 pH 值等条件会影响反应进程。羟基聚合铝的多种化合态可以大致分为单核物、初聚物、低聚物、中聚物和高聚物等，其中初聚物以二聚物为主，低聚物以 $Al_6$-$Al_8$ 为主，中聚物指 $Al_{13}$，高聚物泛指聚合度高于 $Al_{13}$ 而尚可溶于水的聚合态物质。其中 $Al_{13}$ 是聚铝混凝剂中最有效的成分，对其研究较多。Fe(Ⅲ) 羟基聚合物与 Al(Ⅲ) 类似，其多种化合态也可分为单核物、初聚物、低聚物、中聚物和高聚物等。Fe(Ⅲ) 和 Al(Ⅲ) 各种水解形态可以与聚硅酸相互作用生成 Si—O—Fe 和 Si—O—Al 等化学键结合的表面化合态，与在水处理中情况类似，具有包括形态转化、吸附架桥和电中和等多种作用[126]。

对于 Al(Ⅲ)、Fe(Ⅲ) 和 Si(Ⅳ) 的水解或聚合，Si(Ⅳ) 和金属离子结合的形态分布及影响因素有很多研究。唐永星等[127]采用红外光谱和电镜研究聚铝硅复合混凝剂，发现 Si—O 特征峰随聚铝离子的引入而逐渐减弱成较宽的带，Si 和 Al 离子之间存在非离子性的键合作用。高宝玉[128]制备了不同碱化度和 Si/Al 摩尔比的聚硅氯化铝（PASC），并采用 Al-Ferron 逐时络合比色法和微电泳技术研究了这两个因素对 PASC 水解产物的形态分布及带电特性的影响，结果表明：随碱化度（B）值升高，$Al_a$ 减少，$Al_b$ 和 $Al_c$ 增加（$Al_a$、$Al_b$、$Al_c$ 见 1.4.1 部分），随 Si/Al 摩尔比升高，情况相反；随 B 值及 Si/Al 摩尔比升高，Al 水解沉淀物的等电点向低 pH 值方向移动。宋永会等[129]对 PASC 混凝剂的形态分布和转化规律的研究发现随碱化度提高，Al 从单体逐渐向聚合、凝胶形态转化并且 PASC 的电荷增强，而随 Si/Al 摩尔比增大，PASC 的电荷降低。宋志伟等[130]采用紫外光谱、红外光谱和 Ferron 逐时络合比色法分析高浓度聚合硫酸铁硅和聚合硅酸铁的形态及转化。实验结果表明：聚铁硅是以羟基架桥连接的高分子化合物，主要含有 $Fe(OH)_2^+$、$Fe_2(OH)_4^{4+}$ 等二聚体，以及一些三聚体或其他聚合形态，其中 Si 以 $Si_c$ 为主，Fe 以 $Fe_a$ 和 $Fe_c$ 为主。也有对于 Si 和金属离子的络合成键模式研究。

Fu 等[68]对不同 Si/Fe 比的聚硅酸铁（PSF）研究发现，在低 Si/Fe 摩尔比下，Fe—O—Fe 键与 Si—O—Fe 键有互相促进形成的作用，主要生成以 Si—O—Fe—O—Fe—O—Si 键络合的枝状物质，而高 Si/Fe 比由于 Si—O—Si 成键速度慢并且与 Si—O—Fe 键的形成可能有互相阻碍作用，可能生成以 Si—O—Fe—O—Si—O—Si 键络合的环状、网状结构物质。Doelsch[131]采用红外光谱、X 射线吸收精细结构、核磁共振成像、小角度 X 射线散射等研究了 Si/Fe 摩尔比（Si/Fe 比）和 pH 值对 Fe—Si 胶体系统初级成核过程的影响，结果表明：Si、Fe 倾向于形成高分维数的无定形物。Si/Fe 比＜1 时，Fe—Fe 呈现三维增长，Si/Fe 比＞1 时，Fe 连接以二维方式增长。pH 值和 Si/Fe 比较低时，Si—O—Fe 和 Si—O—Si 键几乎同时形成。pH 值高时，Si 的聚合程度降低，而 pH 值对 Fe 的聚合影响较小。pH 值与 Fe 形态也会影响无定形物的分维数。但是对于 Si 和多种金属离子络合成键模式及其影响因素的研究较少。

混凝剂的性能表现如电中和、吸附架桥、网捕和稳定性等均基于其微观性质特征，对混凝剂中各成分间的反应机制的研究是制备稳定高效产品的前提，但是到目前为止，聚硅酸盐混凝剂中多核羟基聚合态的生成、形态演变、结构形貌和晶化过程仍有许多争议和不明之处。

从正交实验结果分析可以看出，$SiO_2$ 浓度、Fe/Al 摩尔比、Si/(Fe＋Al) 摩尔比、pH 值和聚合时间等对 PSiC 性能有一定影响，其中最重要的两个因素是 Si/(Fe＋Al) 摩尔比和 pH 值。本章采用 X 射线衍射（XRD）、红外光谱（IR）、紫外/可见吸收（UV/VIS）扫描以及显微成像等多种仪器表征，分析了不同 Si/(Fe＋Al) 摩尔比和 pH 值对 PSiC 中 Si、Fe 与 Al 的络合过程、程度和形态的影响。具体研究了混凝剂中聚合物的形态分布、离子键合情况以及显微形貌。为初步探讨其混凝机理、控制优势混凝形态以及进一步开发应用提供了有力的理论依据。

# 4.1 X射线衍射（XRD）分析

结晶类物质是分子、原子（或原子团）作周期性规则排列而成。X 射线的波长很短，当其通过晶体时会产生衍射，即在图谱确定的 $2\theta$ 角处显现特征衍射峰。而非晶态物质不会产生敏锐的衍射峰。所以根据 X 射线的衍射图谱，可以定性分析物质的原子结构和组成，而无定形物质不能检出。

## 4.1.1　不同 Si/(Fe+Al) 比的 PSiC XRD 分析

PSiC 的 XRD 衍射曲线随 Si/(Fe+Al) 比的变化情况如图 4-1 所示。由图 4-1 可以看出，各图谱中并未检测出典型晶形物质 $Fe_2(SO_4)_3$、$Fe_2O_3$、$Fe_3O_4$、$\beta\text{-}Al_2O_3 \cdot 3H_2O$、$\gamma\text{-}Al_2O_3 \cdot 3H_2O$ 及 $SiO_2$ 等的衍射峰，说明 Fe(Ⅲ)、Al(Ⅲ)、$SO_4^{2-}$、Si(Ⅳ)、少量其他金属离子及水解中间产物均已参加了聚合反应，形成了共聚物，而不是原料各自聚合或者简单的原料混合的产物。

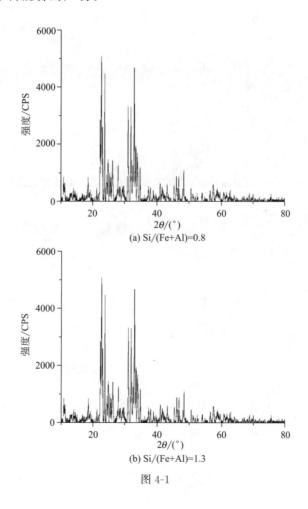

(a) Si/(Fe+Al)=0.8

(b) Si/(Fe+Al)=1.3

图 4-1

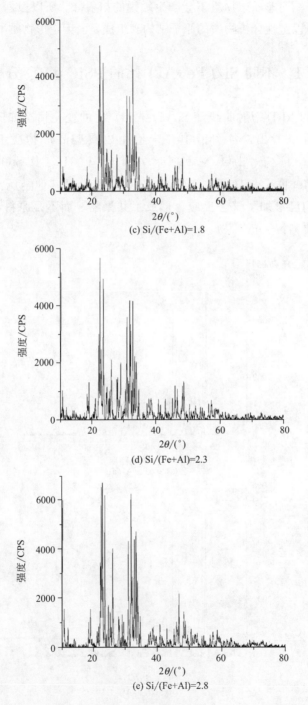

图 4-1　不同 Si/(Fe＋Al) 比下 PSiC 的 XRD 的衍射曲线

各图谱均呈现出明显的晶形特征，在 X 射线衍射标准卡片数据库中进行比对，结果如表 4-1 所列。从表 4-1 可以看出不同 Si/(Fe+Al) 比的 PSiC 都主要含有 $Na_3H(SO_4)_2$ 和 $Fe_5Al_4Si_6O_{22}(OH)_2$，但是不同 Si/(Fe+Al) 比的 PSiC 也含有各自独特的聚合物。表 4-1 结果也证明了各组分均已参加了聚合反应生产聚合物。另外各图谱中还有一些新的峰，例如 $2\theta=19.2°$、$24.3°$、$25.2°$、$29.1°$、$33.4°$ 和 $48.8°$ 处的峰，说明新形成的共聚物可能是没有固定分子式的物质或者没有包含在 X 射线衍射标准卡片数据库中。不同 Si/(Fe+Al) 比的 PSiC 具有不同的 XRD 图谱，含有不同的聚合物质，可以看出，Si、Fe 和 Al 间的络合过程、形态和程度可能有很大差异。

表 4-1　不同 Si/(Fe+Al) 比的 PSiC 中含有物质

| 物　质 | Si/(Fe+Al) | | | | |
|---|---|---|---|---|---|
| | 0.8 | 1.3 | 1.8 | 2.3 | 2.8 |
| $Na_3H(SO_4)_2$ | √ | √ | √ | √ | √ |
| $Fe_5Al_4Si_6O_{22}(OH)_2$ | √ | √ | √ | √ | √ |
| $Al_2Si_{50}O_{103}$ | √ | | | | |
| $Fe_7Si_8O_{22}(OH)_2$ | √ | | √ | | |
| $Fe_4Al_4Si_2O_{10}(OH)_8$ | √ | | | | |
| $AlO(OH)$ | | √ | | √ | |
| $FeOOH$ | | √ | | | |
| $FeSi_2$ | | | √ | | |
| $Fe(OH)_3$ | | | | √ | |
| $Fe_3Al_2(SiO_4)_3$ | | | | | √ |
| $FeO(OH)$ | | | | | √ |

## 4.1.2　不同 pH 值的 PSiC XRD 分析

图 4-2 为不同 pH 值下 PSiC 的 XRD 衍射曲线，将各图谱与 X 射线衍射标准卡片数据库进行比对，结果如表 4-2 所列。由图 4-2 可以看出，各图谱均呈现出明显的晶形特征，但并未检测出典型晶形物质 $Fe_2(SO_4)_3$、$Fe_2O_3$、$Fe(OH)_3$、$Fe_3O_4$、$\beta\text{-}Al_2O_3 \cdot 3H_2O$、$\gamma\text{-}Al_2O_3 \cdot 3H_2O$ 及 $SiO_2$ 等的衍射峰，说明 Fe(Ⅲ)、Al(Ⅲ)、$SO_4^{2-}$、Si(Ⅳ)、少量其他金属离子及水解中间产物均已参加了聚合反应，形成了共聚物。从表 4-2 可以看出不同 pH 值的 PSiC 含有共同或独特的聚合物。另外，各图谱中

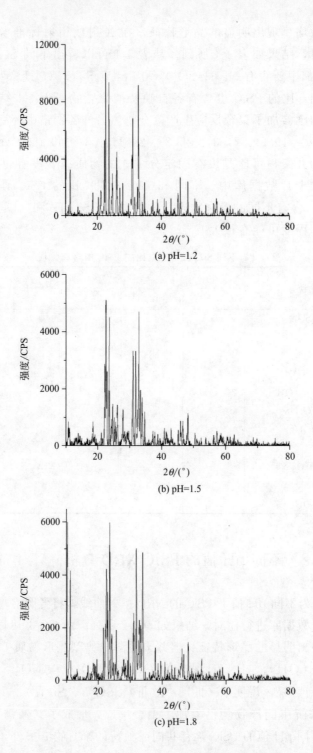

(a) pH=1.2

(b) pH=1.5

(c) pH=1.8

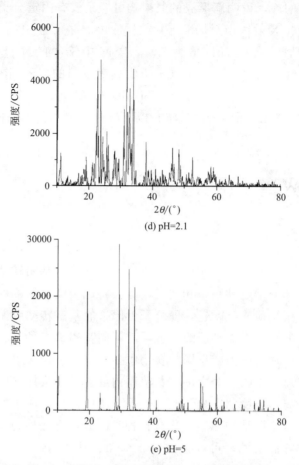

图 4-2　不同 pH 值下 PSiC 的 XRD 的衍射曲线

表 4-2　不同 pH 值的 PSiC 中含有物质

| 物　质 | pH 值 | | | | |
|---|---|---|---|---|---|
| | 1.2 | 1.5 | 1.8 | 2.1 | 5 |
| $Na_3H(SO_4)_2$ | √ | √ | | | |
| $Al_2Si_{50}O_{103}$ | √ | √ | √ | √ | |
| $AlOOH$ | √ | | | | |
| $Fe_5Al_4Si_6O_{22}(OH)_2$ | | √ | | | |
| $Fe_7Si_8O_{22}(OH)_2$ | | √ | | | |
| $Fe_4Al_4Si_2O_{10}(OH)_8$ | | √ | | | |
| $Na_2Mg_3Al_2Si_8O_{22}(OH)_2$ | | | | √ | |
| $Na_2SO_4$ | | | | | √ |

还有一些新的峰，说明新形成的共聚物可能是没有固定分子式的物质或者没有包含在 X 射线衍射标准卡片数据库中。并且随 pH 值增大，物质的种类先增加后减少，pH 值为 5 时，PSiC 中仅含有 $Na_2SO_4$，没有形成具有混凝性能的聚合物。不同 pH 值具有不同的 XRD 图谱，含有不同的聚合物质，说明 pH 值可能对 Si、Fe 和 Al 间的络合过程、形态和程度有影响。XRD 图谱的结果将在以下的仪器表征分析中进一步验证。

# 4.2 红外光谱（IR）分析

用波长连续的红外光照射某种物质，其分子中基团转动或振动，当红外光频率和分子运动频率相同时，物质将该处波长的红外光吸收，分子发生转（振）动能级跃迁，即分子由原来的基态转动或振动能级跃迁到能量较高的转动或振动能级。分子的不同基团都有各自独特的红外吸收波长。同一种官能团在不同化合物中振动虽然不是吸收一个固定波数红外光，但总是吸收一个窄的波数范围内红外光，具体吸收哪一波数的红外光，受周围环境的影响。这种根据分子中基团、原子的转动或振动等来确定物质分子结构和鉴定化合物种类的分析方法称为红外光谱法。

按吸收峰的来源，可以将红外光谱图大体上分为基团特征频率区（4000～1300cm$^{-1}$）以及指纹频率区（1300～400cm$^{-1}$）两个区域。

特征频率区中的吸收峰在数量上较少，特征性明显，主要由基团的伸缩振动产生，因此可以用来分析鉴别官能团。指纹区的峰主要是由一些碳与氧和氮的单键、含氢基团以及碳骨架振动产生，峰数目较多，形态复杂，特征性不明显。由于分子中多种振动形式以及不同分子间耦合、共轭等作用，使得同系物在指纹区的峰位置、形态和强度也不尽相同，分子结构的微小变化都会引起该区光谱的变化。指纹区用于区别结构类似的化合物，一个基团除了特征峰以外，还有其他振动形式的吸收峰，称为相关峰。相关峰与特征峰相互依存并相互佐证，它们的数目与基团的活性振动和光谱的波数范围有关，一般来说，用一组相关峰才能确定一个官能团存在。

红外吸收的峰所在的波数和吸收比率是由分子结构决定的，可以用来鉴定化合物分子结构或确定官能团等定性分析；而吸收峰的强度在一定程度上反映了分子中基团的含量，可用于分析化合物含量和纯度。红外光谱标准谱图库包含了很多种已知化合物的红外光谱，只需把测得未知物的红外光谱与其进行比对，就可以鉴别未知物的结构组成和化学基团，根据吸收谱带的强度还可以进行定量分析和纯度鉴定。

## 4.2.1　不同 Si/(Fe+Al) 比的 PSiC IR 分析

图 4-3 显示了不同 Si/(Fe+Al) 比下 PSiC 的 IR 图谱。研究表明，$3500 \sim 3200 cm^{-1}$ 对应—OH、H—O—H 的伸展振动吸收峰[68,132]，各图谱中该吸收峰的峰形十分明显，说明 PSiC 中含有羟基聚合作用。$1640 \sim 1632 cm^{-1}$ 处是样品内吸附水、结晶水及配位水的弯曲振动吸收

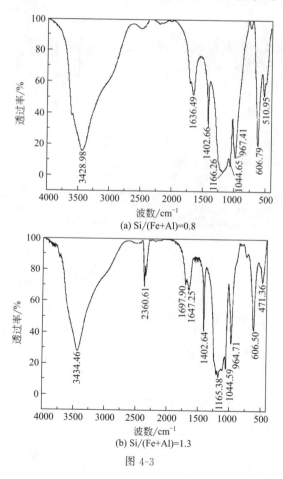

(a) Si/(Fe+Al)=0.8

(b) Si/(Fe+Al)=1.3

图 4-3

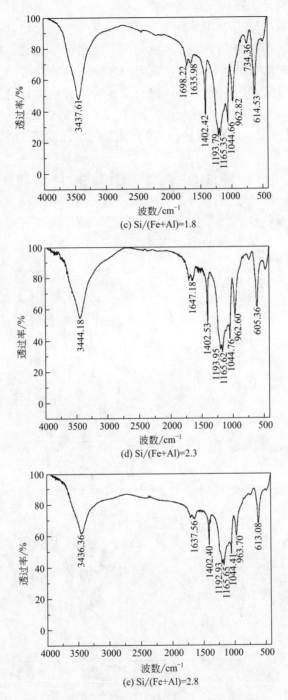

(c) Si/(Fe+Al)=1.8

(d) Si/(Fe+Al)=2.3

(e) Si/(Fe+Al)=2.8

图 4-3　不同 Si/（Fe＋Al）比下 PSiC 的 IR 图谱

峰[133,134]，对应于 Si/(Fe+Al) 比为 1.3 和 2.3 的 1647cm$^{-1}$峰。1406～1405cm$^{-1}$处为—OH 吸收峰[134]，对应 PSiC IR 图谱中的 1402cm$^{-1}$。随着 Si/(Fe+Al) 比增大，上述 3 处特征吸收峰的强度面积都有减小的趋势，说明 PSiC 中羟基和缔合水逐渐减少。1180～825cm$^{-1}$的系列峰为 Fe—OH—Fe 及 Al—OH—Al，较 PFC 中的 Fe—OH—Fe 峰波数 1060cm$^{-1}$高，而较 PAC 中的 Al—OH—Al 峰波数 986cm$^{-1}$低，是由于 Fe(Ⅲ) 与 Al(Ⅲ) 之间桥键—OH 中的 O 受到具有不同负电性的 Fe 和 Al 不对称吸引[134]，对应于 PSiC 中的 1166cm$^{-1}$峰，此峰属于分子表面 M—OH 弯曲振动，Fe—OH—Fe 或 Al—OH—Al 弯曲振动吸收峰位于比 Fe—O—Fe 或 Al—O—Al 高的波数处，且相邻元素的性质影响了其在红外光谱中的位置。

PSiC 中没有出现 1180～825cm$^{-1}$的一系列峰，而仅有 1166cm$^{-1}$处的单个峰且峰形较宽，说明 Fe(Ⅲ) 与 Al(Ⅲ) 之间可能有共聚作用。另外，峰强度随着 Si/(Fe+Al) 比增大迅速减弱，说明 Fe—OH—Fe 及 Al—OH—Al 迅速减少，这从一个侧面证实了紫外/可见吸收扫描结果中低 Si/(Fe+Al) 比的 PSiC 中以 Si—O—Fe—O—Fe—O—Si 及 Si—O—Al—O—Al—O—Si 键络合的中、高聚物为主。并且在 Si/(Fe+Al) 比大于 1.3 时，单峰分裂成 1193cm$^{-1}$和 1166cm$^{-1}$处的两个峰，可能是由于振动耦合作用引起的，即相同基团在分子中靠得很近时，其吸收峰分裂成两个峰。这也说明了 Si/(Fe+Al) 比增大会影响 Fe(Ⅲ) 与 Al(Ⅲ) 之间的共聚作用。1044cm$^{-1}$和 974cm$^{-1}$左右的峰分别为 Al—O—Si 和 Fe—O—Si 之间的不对称弯曲振动[68,135]，即 Si 和 Fe 或 Al 四面体的—O 键振动所致，对应于 Si/(Fe+Al) 比＝0.8 的 967cm$^{-1}$峰、Si/(Fe+Al) 比＝1.3 的 964cm$^{-1}$峰、Si/(Fe+Al) 比＝1.8 和 2.3 的 962cm$^{-1}$峰、Si/(Fe+Al)比＝2.8 的 963cm$^{-1}$峰。此类成键在混凝过程中水解产生聚硅 Fe 或 Al 分子片，以及单核或多核含硅羟基络合物，具有很强中和、吸附和网捕能力，可导致水中胶体粒子脱稳、吸附杂质并凝聚沉淀，去除可溶性 COD，是重要的反应混凝效果的特征峰，成为微观结构上表征混凝性能的一个重要指标[136]。这两处特征吸收峰强度和面积也随着 Si/(Fe+Al) 比增大有减小的趋势，说明 PSiC 混凝性能随 Si/(Fe+Al) 比增大而降低，这在混凝性能的分析中得到了验证。799～795cm$^{-1}$表示 Si—O 交联物四面体的对称伸展振动峰位[68]，而各 PSiC 图谱中没有观察到该吸收峰，说明 PSiC 为网状结构。665cm$^{-1}$处 Fe—OH 的吸收峰、591cm$^{-1}$和 470cm$^{-1}$处的 Fe—O
振动和 611cm$^{-1}$处 Al—OH 弯曲振动[53]均消失，叠加为 606cm$^{-1}$处的吸
收峰，对应于Si/(Fe+Al) 比＝1.8 的 614cm$^{-1}$峰、Si/(Fe+Al) 比＝2.3
的 605cm$^{-1}$峰以及 Si/(Fe+Al) 比＝2.8 的 613cm$^{-1}$峰，说明 Fe(Ⅲ)
与 Al(Ⅲ) 羟合物之间有交叉共聚作用。此峰随着 Si/(Fe+Al) 比增
大有减弱的趋势，说明 Fe(Ⅲ) 与 Al(Ⅲ) 羟合物交叉共聚作用随着
Si/(Fe+Al) 比增大减弱，这与 1166cm$^{-1}$峰的分析结果相照应。

## 4.2.2　不同 pH 值的 PSiC IR 分析

图 4-4 显示了不同 pH 值下 PSiC 的 IR 图谱。由图 4-4 看出，不同
pH 值对 PSiC 的 IR 图谱有很大影响，pH 值过小或过大对于 PSiC 的聚

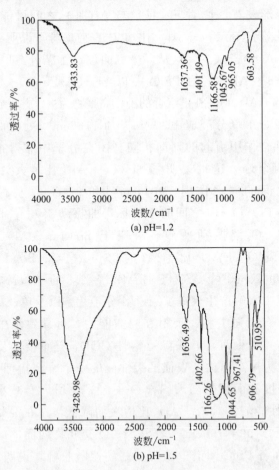

(a) pH=1.2

(b) pH=1.5

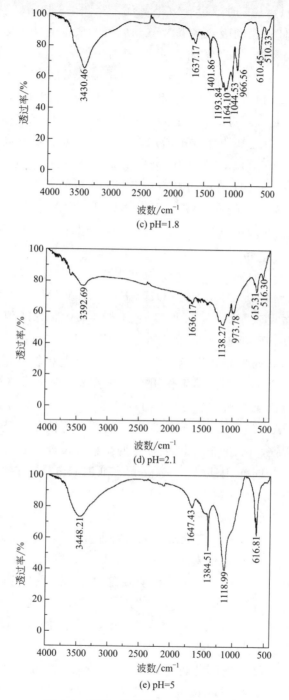

图 4-4　不同 pH 值下 PSiC 的 IR 图谱

合都不利，pH＝1.5 时，聚合效果最优。3500～3200cm$^{-1}$ 处为—OH、H—O—H 的伸展振动吸收峰[68,132]。1640～1632cm$^{-1}$ 处的样品内吸附水、结晶水及配位水的弯曲振动吸收峰[133,134]，对应于 pH＝5 的 1647cm$^{-1}$ 峰。1406～1405cm$^{-1}$ 处的—OH 吸收峰[134]，对应 pH＝1.2 和 pH＝1.8 的 1401cm$^{-1}$ 峰以及 pH＝1.5 的 1402cm$^{-1}$ 峰。相比于 pH＝1.5，pH＝1.2 的图谱中上述 3 处特征吸收峰的强度面积都迅速增大，说明 PSiC 中羟基和缔合水增加，当 pH 值进一步升高，各峰都有所减弱，pH＝2.1 和 pH＝5 的图谱中 1406～1405cm$^{-1}$ 处的—OH 吸收峰已经消失。说明 pH 值过高时不利于羟基架桥的形成。

1180～825cm$^{-1}$ 的系列峰为 Fe—OH—Fe 及 Al—OH—Al[134]，对应于 pH＝1.2 和 pH＝1.5 的 1166cm$^{-1}$ 峰、pH＝1.8 的 1164cm$^{-1}$ 峰、pH＝2.1 的 1138cm$^{-1}$ 峰，pH＝5 的 1189cm$^{-1}$ 峰。该峰的峰形较宽，说明 Fe(Ⅲ) 与 Al(Ⅲ) 之间可能有共聚作用。另外，峰强度在 pH＝1.5 时最大，pH＝1.2 时，Fe—OH—Fe 及 Al—OH—Al 都迅速减少，这从一个侧面反映了紫外/可见吸收扫描结果中低 pH 值下，溶液酸性强，Fe—O—Fe 键易于断裂。在 pH 值大于 1.8 后，Fe—OH—Fe 和 Al—OH—Al 的吸收峰迅速减弱并且在位置上有较大的偏移，说明 Fe(Ⅲ) 与 Al(Ⅲ) 之间的共聚作用有所减弱而且聚合形态有所改变。

相比于 pH＝1.2 和 pH＝1.5，pH＝1.8 和 pH＝2.1 的 Fe—OH—Fe 和 Al—OH—Al 峰发生红移，并且谱带变宽，可能是由于分子内氢键或共轭效应所致，pH＝5 的此峰则发生蓝移，可能是由于分子内因素和空间位阻等共同作用所致。1044cm$^{-1}$ 和 974cm$^{-1}$ 左右的 Al—O—Si 和 Fe—O—Si 峰[68,135]，对应于 pH＝1.2 的 1045cm$^{-1}$ 和 965cm$^{-1}$ 峰、pH＝1.5 的 967cm$^{-1}$ 峰、pH＝1.8 的 966cm$^{-1}$ 峰和 pH＝2.1 的 973cm$^{-1}$ 峰。这两处峰是重要的反应混凝效果的特征峰，其强度和面积在 pH 值过大或过小时都有减小的趋势，在 pH＝2.1 时 1044cm$^{-1}$ 峰消失，在 pH＝5 时这两处峰都已经消失，说明随着 PSiC 混凝性能降低，这在混凝性能的分析中得到了验证。799～795cm$^{-1}$ 表示 Si 四面体的—O 交联对称伸展振动峰[68]，而不同 pH 值的 PSiC 图谱中没有观察到该吸收峰，说明不同 pH 值下 PSiC 均为网状结构。665cm$^{-1}$ 处 Fe—OH 的吸收峰，591cm$^{-1}$ 和 470cm$^{-1}$ 处的 Fe—O 振动和 611cm$^{-1}$ 处 Al—OH 弯曲振动[53]消失，叠加为 606cm$^{-1}$ 处的吸收峰，对应于 pH＝1.2 的 603cm$^{-1}$ 峰、pH＝1.8 的 610cm$^{-1}$ 峰、pH＝2.1 的 615cm$^{-1}$ 峰和 pH＝5

的 $616cm^{-1}$ 峰，说明 Fe(Ⅲ) 与 Al(Ⅲ) 羟合物之间有交叉共聚作用。此峰在 pH=1.5 时强度最大，说明 Fe(Ⅲ) 与 Al(Ⅲ) 羟合物交叉共聚作用在 pH 值过大或过小时都减弱，这与 Fe—OH—Fe 和 Al—OH—Al 的吸收峰的分析结果相对应。另外，该峰随 pH 值增大而发生蓝移，可能是因为分子内部电子诱导效应以及相邻基团对 Fe(Ⅲ) 与 Al(Ⅲ) 交叉共聚有影响产生空间位阻效应，这些效应随 pH 值增大而增强，从而导致吸收峰向高波数移动。

# 4.3　紫外/可见吸收（UV/VIS）扫描分析

## 4.3.1　不同 Si/(Fe+Al) 比的 PSiC UV/VIS 分析

对于 Fe(Ⅲ) 的水解过程有较多研究，在酸性水溶液中 Fe(Ⅲ) 以八面体配位存在，$Fe^{3+}$ 的荷/径比很大，有较强的正电场，因此稀释后瞬间水解（一般发生在 $10^{-3}s$ 内）。在水溶液中 $Fe^{3+}$ 以 $Fe(H_2O)_6^{3+}$ 存在而发生逐级水解[129]：

$$Fe(H_2O)_6^{3+}+H_2O \Longrightarrow Fe(H_2O)_6(OH)^{2+}+H_3O^+ \qquad (4-1)$$

$$Fe(H_2O)_6(OH)^{2+}+H_2O \Longrightarrow Fe(H_2O)_4(OH)_2^++H_3O^+ \qquad (4-2)$$

$$Fe(H_2O)_4(OH)_2^++H_2O \Longrightarrow Fe(H_2O)_3(OH)_3^0+H_3O^+ \qquad (4-3)$$

$$Fe(H_2O)_3(OH)_3^0+H_2O \Longrightarrow Fe(H_2O)_2(OH)_4^-+H_3O^+ \qquad (4-4)$$

$280\sim320nm$ 范围内的峰是 $Fe^{3+}$ 的特征吸收峰，Fu 等[68]假设与 Si 络合的 Fe 对其吸光值不产生影响，研究 Si—Fe 反应历程，发现 $FeSO_4$ 和 PS 没有吸收峰，并且聚合物形态会影响离子特征吸收峰强度。$Fe^{3+}$ 在单核物和低聚合物中易于水解，而在中、高聚物中较难水解。本实验中 PSiC 样品稀释 400 倍，$Fe^{3+}$ 发生水解后形态及电荷密度发生变化，导致吸收峰强度改变。所以从 $Fe^{3+}$ 的特征峰的强度变化可以定性分析 Fe 和 Si 的络合状态。

Si/(Fe+Al) 比对 $Fe^{3+}$ 特征吸光值的影响如图 4-5 所示。$Fe^{3+}$ 特征吸光值在不同 Si/(Fe+Al) 比下变化趋势不同，$Fe^{3+}$ 水解程度随 Si/(Fe+Al) 比的升高而增大，特征吸光值下降，这表明 Si/(Fe+Al)

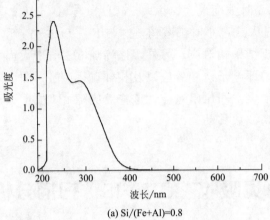

(a) Si/(Fe+Al)=0.8

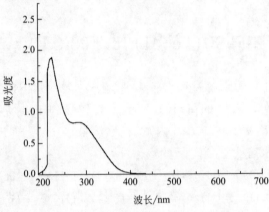

(b) Si/(Fe+Al)=1.3

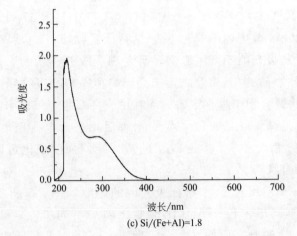

(c) Si/(Fe+Al)=1.8

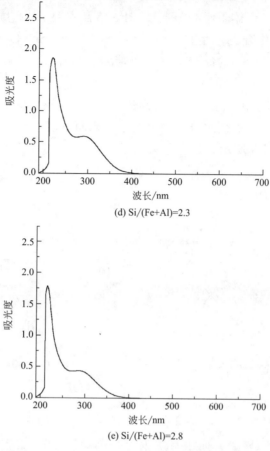

(d) Si/(Fe+Al)=2.3

(e) Si/(Fe+Al)=2.8

图 4-5　Si/(Fe+Al) 比对 $Fe^{3+}$ 特征吸光值的影响

比越高，可能生成的低聚物越多。当 Si/(Fe+Al) 比小时，$Fe^{3+}$ 较多地与端基 OH 反应。

多个离子键合情况研究表明 Fe—O—Fe 键与 Si—O—Fe 键有互相促进形成的作用[68]，样品快速生成大量以 Si—O—Fe—O—Fe—O—Si 键络合的中、高聚物，$Fe^{3+}$ 较难水解。而当 Si/(Fe+Al) 比大时，由于参与络合的 $Fe^{3+}$ 较少，Si—O—Si 成键速度较慢并且与 Si—O—Fe 键的形成可能有互相阻碍作用[68]，聚合物中以 Si—O—Fe—O—Si—O—Si 键为主。游离的 $Fe^{3+}$ 水解导致吸光值随 Si/(Fe+Al) 比增加而降低，这也是适量金属离子能延缓 PS 凝胶的根本原因。另外，$Doelsch^{[131]}$ 认为，在 Si/Fe 比相对较低的范围内，由于 $SiO_4$ 配体有限，Fe 化合态多

靠共边和共角连接生长，而共角连接趋向于生产三维结构；当 Si/Fe
比＞1 时，$SiO_4$ 配体阻碍共角连接，Fe 结合主要靠共边连接，造成其
二维生长，Si 化合态发生自聚 Si—O—Si 增多而 Si—O—Fe 键生成中
断，减少了 Si 和 Fe 的结合。这也可能是实验中 Si/(Fe＋Al) 比影响
$Fe^{3+}$ 水解程度的一个原因。

Al(Ⅲ) 离子在水溶液中带有高的正电荷，Al 离子与水分子中的氧
原子产生强键，从而使水分子中氢离子趋于向溶液中释出，此过程为水
解反应，如图 4-6 所示。

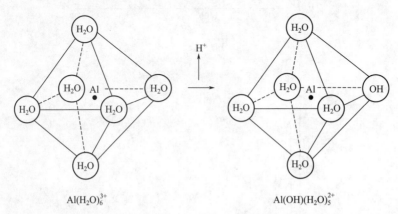

图 4-6    Al 离子水解[126]

当溶液 pH 值升高时，配位水即发生水解，Al 离子在水解中逐步
失去水合层中的质子，而本身生成一系列 Al—OH 羟基络合物，各级
反应式可以写为[126]：

$$Al(H_2O)_6^{3+} + H_2O \rightleftharpoons Al(OH)(H_2O)_5^{2+} + H_3O^+ \tag{4-5}$$

$$Al(OH)(H_2O)_5^{2+} + H_2O \rightleftharpoons Al(OH)_2(H_2O)_4^{+} + H_3O^+ \tag{4-6}$$

$$Al(OH)_2(H_2O)_4^{+} + H_2O \rightleftharpoons Al(OH)_3(H_2O)_3^{0} + H_3O^+ \tag{4-7}$$

在更高 pH 值下，生成铝酸根阴离子，这类负电性可溶水解产物是
四面体，不能再发生进一步脱质子。

$$Al(OH)_3(H_2O)_3^{0} + H_2O \rightleftharpoons Al(OH)_4^{-} + H_3O^+ \tag{4-8}$$

230.0nm 为 $Al(OH)_4^{-}$ 的最高占有轨道电子向最低空轨道跃迁时产
生的吸收峰[135]。如图 4-5 所示，$Al^{3+}$ 特征吸收峰强度变化与 $Fe^{3+}$ 相
似，当 Si/(Fe＋Al) 比小时，Al—O—Al 与 Si—O—Al 的相互促进，
混凝剂中快速生成以 Si—O—Al—O—Al—O—Si 键络合的中、高聚物，

分子量较大，$Al^{3+}$ 水解困难。而当 Si/(Fe＋Al) 比大时，由于缺少 $Al^{3+}$，聚合物中 Si—O—Si—O—Si—O—Si 键快速形成，Si 和 Al 的成键方式为 Si—O—Al—O—Si—O—Si，游离 $Al^{3+}$ 水解增多，导致吸光值降低。

近年来研究发现，$Al_{13}$ 具有较高的分子量和正电荷，是聚铝混凝剂中最有效的成分，$Al_{13}$ 原子晶格的四面体和八面体如图 4-7 所示。

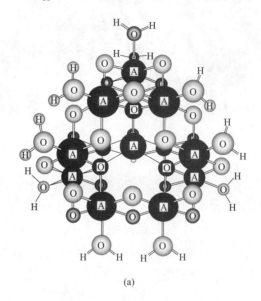

(a)

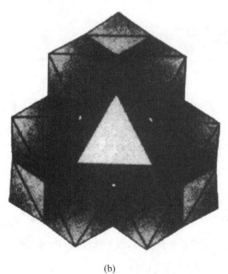

(b)

图 4-7　$Al_{13}$ 原子晶格的四面体和八面体[126]

$Al_{13}$单元相互结合聚集如图4-8所示，可进一步发展为链状、枝杈状甚至网状，这在混凝过程中十分重要。

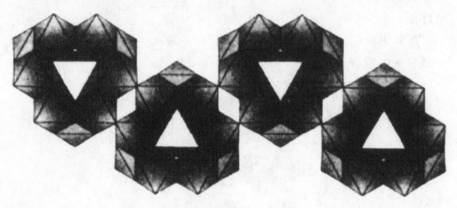

图4-8　$Al_{13}$聚集模型[126]

$Al_{13}$的组成是两类化合态的结合：一是其核心即四面体化合态；二是其周围的八面体化合态即二聚体或三聚体。Bertsch[137]认为前者依赖于溶液pH值突然升高存在不平衡界面时生成$Al(OH)_4^-$构成其核心，即$Al(OH)_4^-$为$Al_{13}$的前驱物。由图4-5可以看出，$Al(OH)_4^-$的吸收峰随Si/(Fe＋Al)比升高而降低，说明Si/(Fe＋Al)比小时，难水解的中、高聚物可能主要包括$Al_{13}$，并且其含量随Si/(Fe＋Al)比升高而降低。

## 4.3.2　不同pH值的PSiC UV/VIS分析

pH值是控制Si—O—Fe键所占比例的关键因素，该键的生成就是$SiO_4$配体影响$Fe(Ⅲ)$水解产物形态的具体方式。pH值不仅影响Si和Fe在溶液中的形态，而且影响二者的结合及化合态的结构连接类型[126]。

不同pH值下PSiC的UV/VIS曲线如图4-9所示。从图4-9可以看出，随pH值增大，$Fe^{3+}$的特征峰强度先增强后减弱。随着pH值由1.2增大到1.8，特征吸光值升高，可能是由于Si/(Fe＋Al)比小时，$Fe^{3+}$含量多，能充分与端基OH反应，Si和Fe成键的方式可以表示为：Si—O—Fe—O—Fe—O—Si，这时在低pH值条件下，溶液酸性

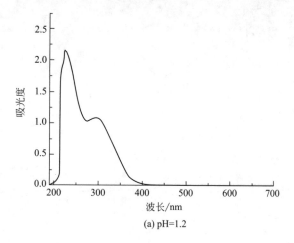

(a) pH=1.2

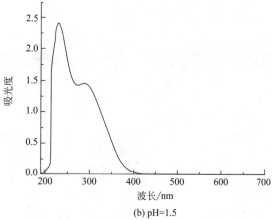

(b) pH=1.5

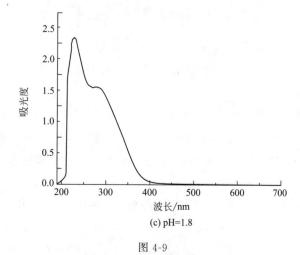

(c) pH=1.8

图 4-9

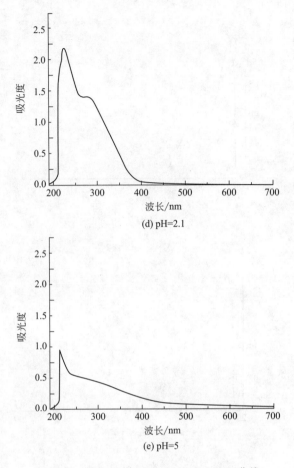

(d) pH=2.1

(e) pH=5

图 4-9　不同 pH 值下 PSiC 的 UV/VIS 曲线

强，导致配位体的络合-离解平衡倾向于离解方向，易于在 Fe—O—Fe 键处断裂，聚合物形态尺寸变小，部分单核物或低聚物中的 $Fe^{3+}$ 游离水解，从而吸光值变小。

当 pH 值进一步增大，特征吸收光值减小，Si 聚合程度减小，生成的易于 $Fe^{3+}$ 水解的低聚合物增多。当 pH 值为 5 时，$Fe^{3+}$ 的特征峰消失。说明 pH 值过大会阻碍 Si 与 Fe 的聚合，几乎全部形成易于 $Fe^{3+}$ 水解的低聚合物，极大地减弱混凝性能。

如图 4-9 所示，$Al^{3+}$ 特征吸收峰强度变化与 $Fe^{3+}$ 相似。随着 pH 值由 1.2 增大到 1.5，特征吸光值升高，聚合物以 Si—O—Al—O—Al—O—Si 键为主，Al—O—Al 键在低 pH 值的溶液中易断裂，生成低聚物，$Al^{3+}$ 水解的程度增大，所以在 pH 值过低时，$Al^{3+}$ 特征吸收峰强度较小。而随着 pH 值升高，Si—O—Al 键较稳定，$Al^{3+}$ 水解变难，吸光值有所提高。当 pH 值进一步增大，特征吸收光值减小，是由于 Si 聚合程度减小，生成的易于 $Al^{3+}$ 水解的低聚合物增多。

# 4.4 显微成像分析

　　本实验中将少量 PSiC 液体样品滴加在载玻片上，盖上盖玻片，样液形成极薄的液层，室温下干燥。样品分散度较好，因此凝固后形态接近混凝剂的实际形态。然后用电子显微镜观察混凝剂的形态，放大倍数为 100 倍，通过 CCD（电耦合元件）图像传感器连接显微镜和计算机，采集图片并利用测量软件进行分析。该方法简单明了，能够直接观察到混凝剂的内部形貌，从而推测各成分相互作用和聚合方式。

## 4.4.1 不同 Si/（Fe+Al）比的 PSiC 显微成像分析

　　图 4-10 是聚硅酸的形貌结构，为椭球形或球形的颗粒状。这种形

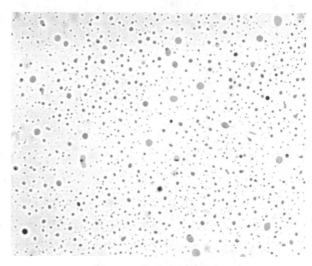

图 4-10　聚硅酸形貌结构

貌结构的形成可以由其聚合过程来解释。

首先是单硅酸 $Si(OH)_4$，由硅羟基间缩聚成二聚物以及多核物，基本的聚合方式如下[126]：

$$Si(OH)_4 + (HO)_4Si \Longleftrightarrow (HO)_3SiOSi(OH)_3 + H_2O \qquad (4-9)$$

$$Si(OH)_4 + {}^-OSi(OH)_3 \Longleftrightarrow (HO)_3SiOSi(OH)_3 + OH^- \qquad (4-10)$$

电中性的 $Si(OH)_4$ 直接聚合较慢，在酸性溶液中，$Si(OH)_4$ 离解成阳离子，加快聚合：

$$Si(OH)_4 + {}^+Si(OH)_3 \Longleftrightarrow (HO)_3SiOSi(OH)_3 + H^+ \qquad (4-11)$$

聚合后 Si 由氧桥连接形成硅氧烷态，进而形成环状聚合物，同时与单核物加聚成三维环聚物，如图 4-11 所示。三维聚合物进一步发展为微细颗粒物，而不是枝杈状结构。这与电子显微镜观察的结果一致。

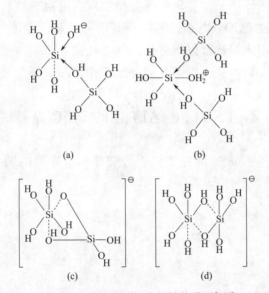

图 4-11　四种硅酸初聚物结构模型[126]

图 4-12 为不同 Si/(Fe+Al) 比的 PSiC 形貌结构。由图 4-12 可以看出，PSiC 是由不规则枝杈结构聚集成小单元，进而发展成网状结构。这是由于在样品制备过程中，随着溶剂蒸发，出现局部饱和点，产生浓度梯度，并且其边界存在表面张力梯度，溶质的周期性起伏变化产生径向向外传播的表面张力波，阻碍微粒进入内部，形成向外分枝的构造[138]。PSiC 的形貌完全不同于聚硅酸，这说明 Fe(Ⅲ)、Al(Ⅲ)、

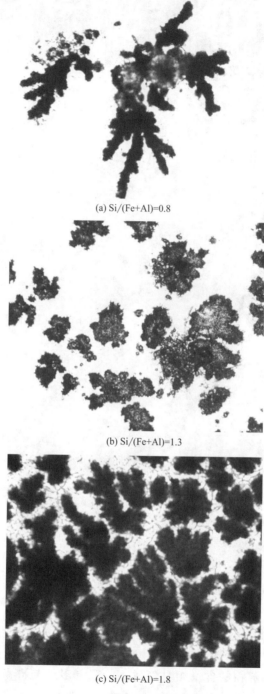

(a) Si/(Fe+Al)=0.8

(b) Si/(Fe+Al)=1.3

(c) Si/(Fe+Al)=1.8

图 4-12

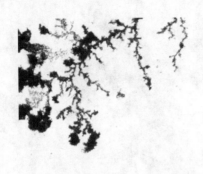

(d) Si/(Fe+Al)=2.3

(e) Si/(Fe+Al)=2.8

图 4-12　不同 Si/(Fe+Al) 比的 PSiC 形貌结构

$SO_4^{2-}$、Si(Ⅳ)、少量其他金属离子及水解中间产物之间有相互作用，阻碍硅酸溶胶颗粒交联增大，延缓了聚硅酸凝胶。这与 XRD、IR 和 UV/VIS 分析结果一致。PSiC 的这种枝杈网状结构使其分子聚合度增大，混凝架桥、网捕和卷扫性能增强。

　　由图 4-12 可以看出不同 Si/(Fe+Al) 比的 PSiC 形貌结构差异很大，在 Si/(Fe+Al) 比小时 PSiC 的枝杈较粗，可能是因为 Fe(Ⅲ) 和 Al(Ⅲ) 及其水解物的含量相对较高，能够更多地与硅酸发生聚合。并且 Fe(Ⅲ) 由于其 $3d^5$ 电子结构水解趋势很强，在水解时电子层只对应于很低的能量，Fe 水解聚合到胶体结核及成长是自发进行的，强络合性的阴离子如 $SO_4^{2-}$ 和 $SiO_4$ 与 Fe 原子都可以稳定成键。Fe(Ⅲ)、Al(Ⅲ)、$SO_4^{2-}$、Si(Ⅳ)、少量其他金属离子及水解中间产物等多个组分之间相互作用，形成了尺寸较大的聚合单元。刘红等[52]比较聚硅氯化铝和聚硅铝铁的形貌，也发现聚硅铝铁由于多组分相互作用形成了更粗的枝杈，这与本研究的结果一致。

当 Si/(Fe+Al) 比大时，PSiC 的枝杈变细，而密度增加，形成网状，说明 Fe(Ⅲ)、Al(Ⅲ)、$SO_4^{2-}$、Si(Ⅳ)、少量其他金属离子及水解中间产物等多个组分之间相互作用减少，形成了尺寸细小的聚合单元。这是由于 Si(Ⅳ) 含量高，而 Fe(Ⅲ) 和 Al(Ⅲ) 及其水解物的含量较低。在含盐少离子强度低时，硅酸三维聚合物发展为细微颗粒后会松散聚集成链状及网状含水聚集体，进而转化为凝胶状态，Fe(Ⅲ)、Al(Ⅲ) 和其他金属离子及其水解物与硅酸相互作用减弱。对不同 Si/(Fe+Al) 比的 PSiC 形貌结构差异的分析与 IR 分析结果相一致。

采用共聚法和复合法制备聚硅酸盐混凝剂都是将金属盐引入到聚硅酸中，金属离子及其水解产物与聚硅酸分子之间以—OH 作桥聚合或发生脱水缩合，从而聚集成大分子聚合物。而 PSiC 的制备过程是直接将强碱性的粉煤灰浸取液缓慢加入酸性的粉煤灰残渣和硫酸烧渣浸取液，不仅存在上述反应，而且在反应开始时可能出现短时的碱性环境。在碱性溶液中，Si 和 Al 的反应物都变换形态可能发生聚合反应，反应式如下[126]：

$$(HO)_{4-x}Si_x^{x-} + Al(HO)_4^- \Longrightarrow (HO)_3AlOSiO_x(OH)_{3-x}^{x+1} + H_2O$$

$$(4-12)$$

由于 Si 和 Al 对氧都有 4 和 6 的配位数，二者原子直径几乎相同，并且 $Al(OH)_4^-$ 和 $Si(OH)_4$ 在几何上相似，Al 离子能够进入或交换入 $SiO_2$ 层面，如图 4-13 所示。Swaddle[139]采用 NMR 鉴定推断，在碱性溶液中聚合硅酸铝可能有的结构形态如图 4-14 所示。说明 Al 可以参与各种聚硅酸结构。

高 pH 值的硅酸溶液可以由 Fe(Ⅲ) 来促成聚合，其中 SiOH 集团能够与 Fe(Ⅲ) 结合，反应式如下[126]：

$$(—SiOH)_m + Fe^{3+} \Longrightarrow (—SiOH)_{m-n}(—SiO)_nFe^{3-n} + nH^+$$

$$(4-13)$$

硅酸能与羟基铁反应，但对其中结构形态研究较少，Doelsch

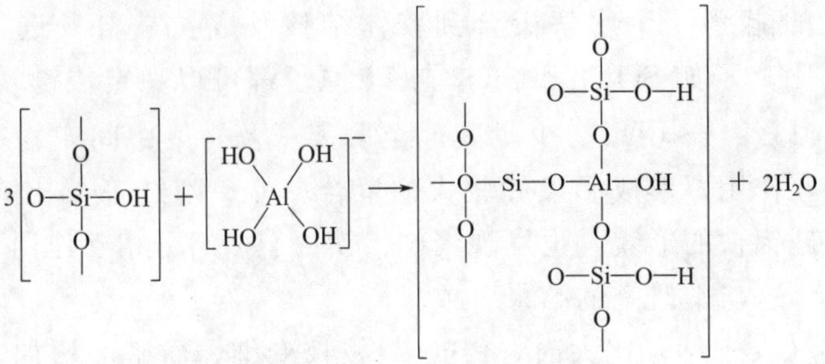

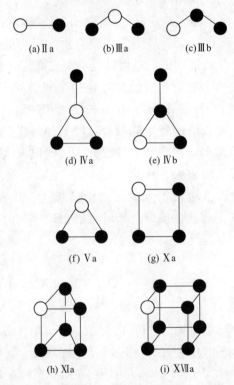

图 4-13 硅酸与 Al 的化合态

(a)Ⅱa　(b)Ⅲa　(c)Ⅲb

(d) Ⅳa　(e) Ⅳb

(f) Va　(g) Xa

(h) Ⅺa　(i) ⅩⅦa

图 4-14　聚合硅酸铝的结构（黑点为 Si 原子，白圈为 Al 原子）

等[131]研究表明 Si 会改变 Fe(Ⅲ) 羟基化合态的结构和水解，Si 在生长点代替 Fe 形成 Fe—O—Si 键。

## 4.4.2　不同 pH 值的 PSiC 显微成像分析

图 4-15 是不同 pH 值的 PSiC 的形貌结构。由图 4-15 可以看出不

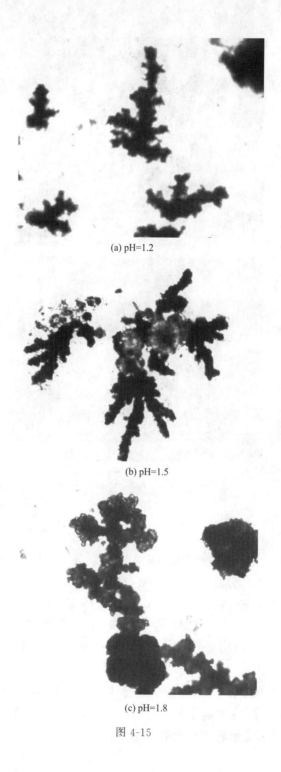

(a) pH=1.2

(b) pH=1.5

(c) pH=1.8

图 4-15

(d) pH=2.1

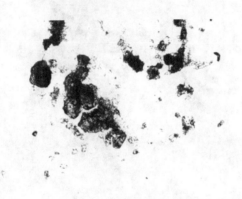

(e) pH=5

图 4-15　不同 pH 值的 PSiC 形貌结构

同的 pH 值对 PSiC 形貌结构有很大影响，各 pH 值条件下的 PSiC 的
枝杈都较粗，是因为其 Si/(Fe＋Al) 比小，Fe(Ⅲ) 和 Al(Ⅲ) 及其水
解物的含量相对较高，能够更多地与硅酸发生聚合。相比于 pH＝
1.5、pH＝1.2 的 PSiC 枝杈结构变短小，说明 Fe(Ⅲ)、Al(Ⅲ)、
$SO_4^{2-}$、Si(Ⅳ)、少量其他金属离子及水解中间产物等多个组分之间相
互作用减弱，形成了尺寸较小的聚合单元。当 pH 值进一步增大时，
PSiC 的枝杈结构变少，说明各个组分之间相互作用减少，混凝架桥能
力减弱。说明 pH 值过高不利于 Fe(Ⅲ)、Al(Ⅲ)、$SO_4^{2-}$、Si(Ⅳ)、少
量其他金属离子及水解中间产物聚合。

pH=5 时已经看不到枝杈状结构，PSiC 形貌如椭球形颗粒物。可能是由于硅酸胶粒表面负电荷排斥降低，小颗粒合并形成粗大颗粒。对不同 pH 值的 PSiC 形貌结构差异的分析与 IR 分析结果相一致。另外，pH=1.5 的 PSiC 的枝杈向四周伸展生长，而其他 pH 值的枝杈则向单方向生长，说明 pH 值过大或过小会减弱 PSiC 的混凝架桥性能，这与混凝性能结果一致。

# 4.5  本章小结

本章采用 XRD、IR、UV/VIS 扫描以及显微成像等多种仪器表征，分析了不同 Si/(Fe+Al) 比和 pH 值对 PSiC 中 Fe(Ⅲ)、Al(Ⅲ)、$SO_4^{2-}$、Si(Ⅳ)、少量其他金属离子及水解中间产物等多个组分之间络合过程、形态分布、离子键合情况以及显微形貌。研究结果表明如下。

① PSiC 中 Fe(Ⅲ)、Al(Ⅲ)、$SO_4^{2-}$、Si(Ⅳ)、少量其他金属离子及水解中间产物等多个组分相互作用聚合生成共聚物，而并非原料各自聚合或者单纯混合的产物。新形成的多种共聚物，包括没有固定分子式或者没有包含在 X 射线衍射标准卡片数据库中的物质。不同 Si/(Fe+Al) 比和 pH 值的 PSiC 中含有共同和各自独特的聚合物，说明 Si、Fe 和 Al 间的络合过程、程度和形态有很大差异。Si/(Fe+Al)=0.8 和 pH=1.5 的 PSiC 中聚合物的种类最多，最复杂。

② PSiC 主要是由羟基架桥连接的聚合物，呈网状结构。Fe(Ⅲ)与 Al(Ⅲ) 羟合物之间有交叉共聚作用，二者与硅酸以 Al—O—Si 和 Fe—O—Si 键连接聚合。随着 Si/(Fe+Al) 比增大，PSiC 中羟基架桥和缔合水逐渐减少、Fe(Ⅲ) 与 Al(Ⅲ) 化合物之间的共聚作用及与硅酸的聚合减弱。另外，pH=1.5 时 PSiC 聚合效果最优；pH 值过大或过小时 PSiC 中各组分聚合减弱。

③ 当 Si/(Fe+Al) 比小时，PSiC 中以 Si—O—Fe—O—Fe—O—Si 和 Si—O—Al—O—Al—O—Si 键络合的中、高聚物为主，包括 $Al_{13}$，并且其含量随 Si/(Fe+Al) 比升高而降低。而当 Si/(Fe+Al) 比大时，

聚合物中以 Si—O—Fe—O—Si—O—Si 和 Si—O—Al—O—Si—O—Si 键为主。pH 值低时，Si—O—Fe—O—Fe—O—Si 和 Si—O—Al—O—Al—O—Si 键易于在 Fe—O—Fe 和 Al—O—Al 处断裂，pH＝1.8 时络合键的稳定性较好，当 pH 值进一步增大，Si 聚合程度减小，生成的易于 $Fe^{3+}$、$Al^{3+}$ 水解的低聚合物增多。

④ PSiC 是由不规则枝杈结构聚集成小单元，进而发展成的网状结构。Si/(Fe＋Al) 比小时 PSiC 的枝杈较粗，Fe(Ⅲ)、Al(Ⅲ)、$SO_4^{2-}$、Si(Ⅳ)、少量其他金属离子及水解中间产物等多个组分之间相互作用，形成了尺寸较大的聚合单元。当 Si/(Fe＋Al) 比大时，PSiC 的枝杈变细，而密度增加，各组分之间相互作用减少，硅酸胶粒聚集成链状及网状含水聚集体。pH＝1.5 的 PSiC 形貌结构最好且枝杈向四周伸展生长。pH 值过大或过小时 PSiC 的枝杈会变小、变少且向单方向生长，减弱混凝架桥性能。

# 5

## 不同方法制备的聚硅酸盐
## 混凝剂(PSiC)结构与形态

制备工艺对混凝剂的结构和性能有很大影响，而且工艺的繁简程度和成本高低是混凝剂能否工业化生产的重要因素。传统的聚硅酸盐混凝剂制备方法有复合法和共聚法，两者都需要预先制备聚硅酸溶液，然后引入金属盐，区别在于羟基化的顺序不同。研究显示，两种方法制备的混凝剂特性不尽相同[44]。本研究中提出了同时进行硅酸聚合、金属盐羟基化聚合以及硅与金属离子聚合的"同时聚合法"制备 PSiC 并研究了 PSiC 的结构形态，该方法简单、耗时短、对原料和设备要求较低、有效再利用工业废弃物降低成本并且产品的性能良好。

对于复合法和共聚法制备的聚硅酸盐混凝剂的性能和微观性质特征已有较多研究。Moussas 进一步利用 XRD 和 FT-IR 比较了共聚法和复合法分别制备聚硅酸硫酸铁，结果表明，在所制混凝剂中形成了含有 Fe—Si 和 Fe—O—Si 键的新化学组分，具有无定型和晶体型的双重形态，而共聚法制备的混凝剂比复合法制备的表现出更好的性能[69]。说明不同制备方法对混凝剂结构形态有影响。

本章首先采用共聚法制备了不同 Si/(Fe＋Al) 比的 PSiFA，并用 XRD、IR、UV/VIS 扫描以及显微成像等多种方法表征，分析了 PSiFA 中 Si、Fe 与 Al 的络合过程、程度和形态，初步探讨了 PSiFA 的混凝机理。然后按照相同的离子配比采用"同时聚合法"制备 PSiC 和共聚法制备 PSiFA，通过 XRD、IR、UV/VIS 扫描以及显微成像等多种方法表征，分析了 PSiC 和 PSiFA 中聚合物的形态分布、离子键合情况以及显微形貌的区别。对两种制备方法及其对混凝剂结构形态的影响进行初步分析比较，为探讨两种混凝剂的混凝机理、优化混凝剂制备工艺和工业生产推广奠定了有力的理论基础。

# 5.1　不同方法制备PSiC

采用同时聚合法和共聚法制备聚硅酸盐混凝剂，分别记为 PSiC 和 PSiFA，制备工艺对比如图 5-1 所示。

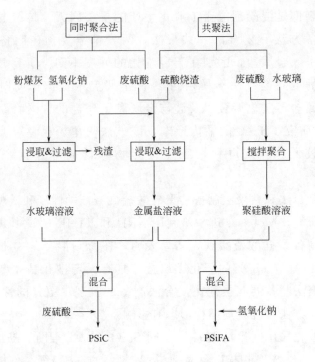

图 5-1　PSiC 和 PSiFA 制备工艺对比

## 5.1.1　同时聚合法

（1）工业废弃物浸取

以粉煤灰和硫酸烧渣为原料，搅拌条件下选择温度 90℃、时间 2h、碱或酸浓度 6mol/L 以及液固质量比为 4 的浸取条件，经过碱液和废硫酸浸取分别制得水玻璃和金属盐溶液。

在酸浸过程中，将碱浸粉煤灰渣和硫酸烧渣质量比调节至 2∶10，使浸取的金属盐溶液中 Fe/Al 摩尔比为 10。

（2）PSiC 制备

在搅拌条件下，将一定量的水玻璃溶液缓慢加入金属盐溶液中使 Si/(Fe＋Al) 摩尔比达到 8∶10，聚合 10min 后用硫酸调节其 pH 值至 1.5，然后将产品陈化 2d，制备完毕。

### 5.1.2  共聚法

（1）聚硅酸制备

稀释水玻璃溶液至浓度为 3.5％，然后缓慢加入到 48％稀硫酸溶液中至 pH 值为 1.8±0.2，同时快速搅拌混合，室温下聚合 10min，制得聚硅酸。

（2）工业废弃物浸取

将碱浸粉煤灰渣和硫酸烧渣质量比调节至 2∶10，搅拌条件下选择温度 90℃、时间 2h、废硫酸浓度 6mol/L 以及液固质量比为 4 的条件浸取，得到金属盐溶液，Fe/Al 摩尔比为 10。

（3）PSiFA 制备

在搅拌条件下，将一定量金属盐溶液加入聚硅酸溶液使 Si/(Fe＋Al) 摩尔比分别达到 6∶10、8∶10 和 15∶10，聚合 10min，加 30％氢氧化钠溶液调节 pH 值至 1.5。然后将产品陈化 2d，制备完毕。

# 5.2  XRD分析

## 5.2.1  不同 Si/(Fe+Al) 比的 PSiFA 的 XRD 分析

图 5-2 表示 PSiFA 的 XRD 衍射曲线随 Si/(Fe＋Al) 比的变化情况。由图 5-2 看出，各图谱中并未检测出典型晶形物质 $Fe_2(SO_4)_3$、$Fe_2O_3$、$Fe_3O_4$、$\beta\text{-}Al_2O_3 \cdot 3H_2O$、$\gamma\text{-}Al_2O_3 \cdot 3H_2O$ 及 $SiO_2$ 等的衍射峰，说明 Fe(Ⅲ)、Al(Ⅲ)、$SO_4^{2-}$、Si(Ⅳ)、少量其他金属离子及水解中间产物等多个组分相互作用聚合生成共聚物，而并非原料各自聚合或者单纯混合的产物。各曲线均有明显的晶形特征，在 X 射线衍射标准卡片数据库中进行比对，结果如表 5-1 所列。

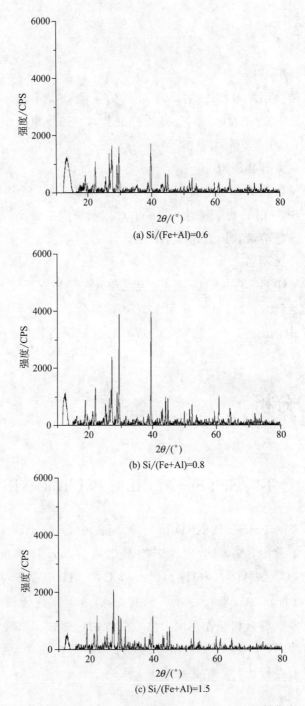

(a) Si/(Fe+Al)=0.6

(b) Si/(Fe+Al)=0.8

(c) Si/(Fe+Al)=1.5

图 5-2　不同 Si/（Fe＋Al）比的 PSiFA 的 XRD 衍射曲线

表 5-1 不同 Si/(Fe+Al) 比的 PSiFA 中含有物质

| 物质 | Si/(Fe+Al)=0.6 | Si/(Fe+Al)=0.8 | Si/(Fe+Al)=1.5 |
|---|---|---|---|
| $Mg_2Al_2SiO_5(OH)_4$ | √ | | |
| $Fe_3Si_2O_5(OH)_4$ | √ | | |
| $Fe_4Al_4Si_2O_{10}(OH)_8$ | | √ | |
| $AlOOH$ | | √ | |
| $Al_2Si_2O_5(OH)_4$ | √ | √ | |
| $Fe_3FeSiO_4(OH)_5$ | | √ | √ |
| $CaSO_4$ | | | |

从表 5-1 可以看出不同 Si/(Fe+Al) 比的 PSiFA 含有相同或各自独特的聚合物，Si/(Fe+Al) 比为 0.8 时 PSiFA 含有的聚合物种类最多，原料间的聚合方式也最复杂。另外各图谱中还有一些新的峰，说明新形成的共聚物可能没有固定分子式的物质或者没有包含在 X 射线衍射标准卡片数据库中。不同 Si/(Fe+Al) 比具有不同的 XRD 图谱，可以看出，Si、Fe 和 Al 间的络合过程、程度和形态可能有显著区别。另外，Si/(Fe+Al) 比为 0.8 时，PSiFA 的 XRD 图谱中总的衍射峰比 Si/(Fe+Al)=0.6 和 Si/(Fe+Al)=1.5 的衍射峰更多，说明 Si/(Fe+Al)=0.8 的 PSiFA 中的聚合物的聚合行为更为复杂。

## 5.2.2 PSiC 与 PSiFA 的 XRD 对比分析

图 5-3 为 PSiC 与 PSiFA 的 XRD 的衍射曲线。如图 5-3 所示，PSiC 与 PSiFA 的图谱中并未检测出典型晶形物质 $Fe_2(SO_4)_3$、$Fe_2O_3$、$Fe_3O_4$、$\beta$-$Al_2O_3 \cdot 3H_2O$、$\gamma$-$Al_2O_3 \cdot 3H_2O$ 及 $SiO_2$ 等的衍射峰，说明 $Fe^{3+}$、$Si^{4+}$、$Al^{3+}$ 和 $SO_4^{2-}$ 等原料成分已经相互作用聚合。各曲线均有明显的晶形特征，在 X 射线衍射标准卡片数据库中进行比对，结果如表 5-2 所列。从表 5-2 可以看出 PSiC 和 PSiFA 都含有 $Fe_4Al_4Si_2O_{10}(OH)_8$，但是也含有各自独特的聚合物。另外各图谱中还有一些新的峰，说明新形成的共聚物可能是没有固定分子式的物质或者没有包含在 X 射线衍射标准卡片数据库中。

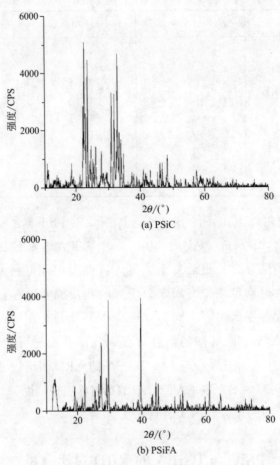

(a) PSiC

(b) PSiFA

图 5-3　PSiC 与 PSiFA 的 XRD 的衍射曲线

表 5-2　PSiC 与 PSiFA 中含有物质

| 物质 | PSiC | PSiFA |
|---|---|---|
| $Na_3H(SO_4)_2$ | √ | |
| $Fe_5Al_4Si_6O_{22}(OH)_2$ | √ | |
| $Al_2Si_{50}O_{103}$ | √ | |
| $Fe_7Si_8O_{22}(OH)_2$ | √ | |
| $Fe_4Al_4Si_2O_{10}(OH)_8$ | √ | √ |
| $AlOOH$ | | √ |
| $Al_2Si_2O_5(OH)_4$ | | √ |
| $Fe_3Fe\,SiO_4(OH)_5$ | | √ |
| $CaSO_4$ | | √ |

PSiC 与 PSiFA 具有不同的 XRD 衍射曲线，可以看出，制备工艺可能对 Si、Fe 和 Al 间的络合过程、形态和程度有明显的影响。并且与 PSiFA 相比，PSiC 中 $Fe^{3+}$、$Si^{4+}$、$Al^{3+}$ 和 $SO_4^{2-}$ 等的共聚物的种类更多。在以下的混凝剂表征分析中将进一步验证。

# 5.3　IR分析

## 5.3.1　不同 Si/(Fe+Al) 比的 PSiFA 的 IR 分析

图 5-4 为不同 Si/(Fe + Al) 比下 PSiC 的 IR 图谱，图中 3500～3200cm$^{-1}$ 对应—OH、H—O—H 的伸展振动吸收峰[68,131]。各图谱中该吸收峰的峰形十分明显，说明 PSiFA 中具有羟基结构。3100～2500cm$^{-1}$ 处为分子内螯合—OH 振动[131]，不同 Si/(Fe + Al) 比的 PSiFA 有 2605cm$^{-1}$ 和 2489cm$^{-1}$ 两处峰，说明 PSiFA 中有分子内螯合—OH。1640～1632cm$^{-1}$ 处是样品内吸附水、结晶水及配位水的弯曲振动吸收峰[133,134]，对应于 Si/(Fe + Al) = 0.6 和 Si/(Fe + Al) = 0.8 的 1630cm$^{-1}$ 和 1628cm$^{-1}$ 峰。随着 Si/(Fe + Al) 比增大，上述 3 处特征吸收峰的强度面积都有先增大后减小的趋势，说明 PSiC 中羟基和缔合水先增多后减少。

1180～825cm$^{-1}$ 的系列峰为 Fe—OH—Fe 及 Al—OH—Al[134]，对应于 Si/(Fe + Al) = 0.6 的 1177cm$^{-1}$ 峰以及 Si/(Fe + Al) = 0.8 和 1.5 的 1176cm$^{-1}$ 峰。PSiFA 中没有出现 1180～825cm$^{-1}$ 的一系列峰，而仅有 1176cm$^{-1}$ 左右处的单个峰且峰形较宽，峰强度随着 Si/(Fe + Al) 比先增大后减弱，说明 Fe—OH—Fe 及 Al—OH—Al 先增加后减少，这从一个侧面证实了紫外/可见吸收扫描结果中 Si/(Fe + Al) 比为 0.8 的 PSiFA 中以 Si—O—Fe—O—Fe—O—Si 以及 Si—O—Al—O—Al—O—Si 键络合的中、高聚物为主。

1044cm$^{-1}$ 和 974cm$^{-1}$ 左右的峰分别是 Al—O—Si 和 Fe—O—Si 之间的不对称弯曲振动所致[68,135]。对应于 1068cm$^{-1}$ 和 1006cm$^{-1}$ 峰。此类成键是表征混凝的特征峰。这两处特征吸收峰强度和面积也随着

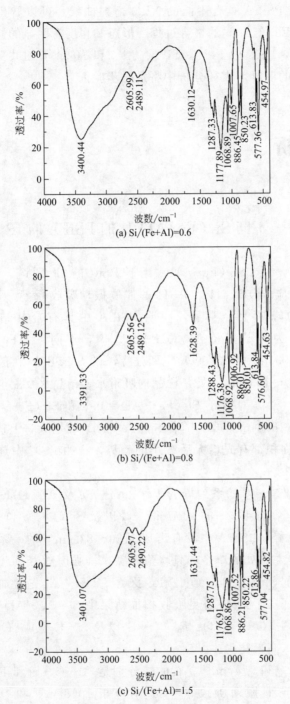

(a) Si/(Fe+Al)=0.6

(b) Si/(Fe+Al)=0.8

(c) Si/(Fe+Al)=1.5

图 5-4 不同 Si/(Fe+Al) 比下的 PSiFA 的 IR 图谱

Si/(Fe＋Al) 比增大有减小的趋势。说明 PSiFA 混凝性能随 Si/(Fe＋Al) 比增大先提高后降低，这在混凝性能的分析中得到了验证。799～795cm$^{-1}$表示 Si—O 交联物四面体伸展振动的吸收峰[68]，而 PSiFA 中此峰没有出现，说明 PSiFA 为网状结构。PSiFA 中 650～450cm$^{-1}$ 的系列峰是 Fe—OH 和 Al—OH 弯曲振动叠加所致[53]。此系列峰随着 Si/(Fe＋Al) 比增大先增强后减弱。

## 5.3.2　PSiC 与 PSiFA 的 IR 对比分析

PSiC 与 PSiFA 的 IR 图谱如图 5-5 所示。二者的 IR 图谱明显不同。PSiC 与 PSiFA 都有 3500～3200cm$^{-1}$ 对应的—OH、H—O—H 的伸展振动吸收峰[68,131]，该吸收峰的峰形十分明显，为分子间缔合—OH 振动，并且 PSiC 中该峰强度较 PSiFA 强，说明 PSiC 中的分子间缔合—OH 较 PSiFA 中的多。

3100～2500cm$^{-1}$ 处为分子内螯合—OH 振动[131]，PSiC 在该波数段无明显吸收峰，而 PSiFA 有 2605cm$^{-1}$ 和 2489cm$^{-1}$ 两处峰，说明 PSiFA 中有分子内螯合—OH。1640～1632cm$^{-1}$ 处是样品内吸附水、结晶水及配位水的弯曲振动吸收峰[133,134]。1406～1405cm$^{-1}$ 处为—OH 吸收峰[134]，对应 PSiC IR 图谱中的 1402cm$^{-1}$。随着 Si/(Fe＋Al) 比增大，与 PSiC 相比，PSiFA 中上述两处特征吸收峰的强度面积减小或消失，说明 PSiC 中羟基和缔合水较 PSiFA 多。

1180～825cm$^{-1}$ 的系列峰为 Fe—OH—Fe 及 Al—OH—Al[134]，对应于 PSiC 中的 1166cm$^{-1}$ 峰和 PSiFA 中的 1177cm$^{-1}$ 峰。PSiC 中峰强度比 PSiFA 中强，说明 Fe—OH—Fe 及 Al—OH—Al 键多。PSiC 中 1044cm$^{-1}$ 和 967cm$^{-1}$ 左右的峰分别是 Al—O—Si 和 Fe—O—Si 之间的不对称弯曲振动所致[68,135]。对应于 PSiFA 的 1068cm$^{-1}$ 峰和 1007cm$^{-1}$ 峰，是重要的反应混凝效果的特征峰。PSiC 中，这两处特征吸收峰强度和面积也比 PSiFA 强，说明 PSiC 混凝性能较强，这在混凝性能的分析中得到了验证。PSiFA 中 885～880cm$^{-1}$ 为 HSO$_4^-$ 吸收峰[132]。799～795cm$^{-1}$ 表示 Si—O 交联物四面体的对称伸展振动峰位[68]，而 PSiC 和 PSiFA 中没有观察到该吸收峰，说明 PSiC 和 PSiFA 为网状结构。PSiFA 中 650～450cm$^{-1}$ 的系列峰是 Fe—OH 和 Al—OH 弯曲振动叠加所致[53]。而 PSiC 只出现 606cm$^{-1}$ 和 510cm$^{-1}$ 两处的吸收峰，且吸

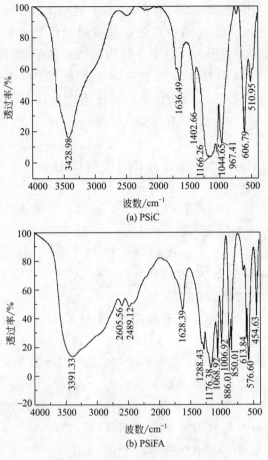

图 5-5　PSiC 与 PSiFA 的 IR 图谱

收强度较大，说明 Fe(Ⅲ) 与 Al(Ⅲ) 化合物之间有交联聚合的作用。

# 5.4　UV/VIS分析

## 5.4.1　不同 Si/(Fe+Al) 比的 PSiFA 的 UV/VIS 分析

本实验中 PSiFA 样品稀释 400 倍，Si/(Fe＋Al) 比对 $Fe^{3+}$ 特征吸光值的影响如图 5-6 所示。$Fe^{3+}$ 特征吸光值随 Si/(Fe＋Al) 比变化而

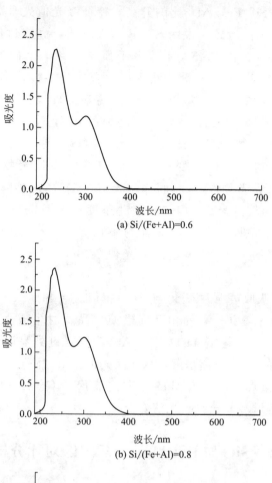

(a) Si/(Fe+Al)=0.6

(b) Si/(Fe+Al)=0.8

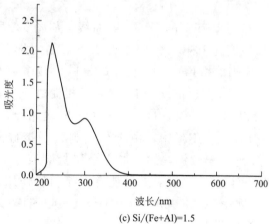

(c) Si/(Fe+Al)=1.5

图 5-6  Si/(Fe+Al) 比对 $Fe^{3+}$ 特征吸光值的影响

明显不同，随 Si/(Fe＋Al) 比的升高，特征吸光值先升高后下降，是 $Fe^{3+}$ 水解程度不同所致，说明 Si/(Fe＋Al) 比过高或过低时，生成的难水解物质越少。在 PSiFA 中，由于预先制备了聚硅酸，溶液中为 Si—O—Si—O—Si—O—Si 键，然后加入金属盐溶液，当 Si/(Fe＋Al) 比小时，$Fe^{3+}$ 的数量较多，能充分与端基 OH 反应，Si 和 Fe 聚合形式为 Si—O—Fe—O—Fe—O—Si，这时 pH 值较低，溶液呈酸性，配位体的络合-离解动态平衡偏向于容易离解，易于在 Fe—O—Fe 键处断裂，聚合物形态尺寸变小，部分单核物或低聚物中的 $Fe^{3+}$ 游离水解，从而吸光值变小。而当 Si/(Fe＋Al) 比增大时，由于参与络合的 $Fe^{3+}$ 较少，Si—O—Si 成键速度慢并且与 Si—O—Fe 键的形成可能有互相阻碍作用，聚合物中以 Si—O—Fe—O—Si—O—Si 键为主。游离的 $Fe^{3+}$ 水解导致吸光值随 Si/(Fe＋Al) 比的增加而降低。

$Al^{3+}$ 特征吸收峰强度变化与 $Fe^{3+}$ 相似。当 Si/(Fe＋Al) 比小时，Al—O—Al 与 Si—O—Al 的相互促进使样品瞬时生成大量以 Si—O—Al—O—Al—O—Si 键络合的物种，Al—O—Al 键处易断裂，部分单核物或低聚物中的 $Al^{3+}$ 游离水解，从而吸光值变小。而当 Si/(Fe＋Al) 比大时，由于缺少 $Al^{3+}$，Si 和 Al 的成键方式为 Si—O—Al—O—Si—O—Si。游离 $Al^{3+}$ 水解增多，导致吸光值降低。

## 5.4.2 PSiC 与 PSiFA 的 UV/VIS 对比分析

图 5-7 为 PSiC 与 PSiFA 的 UV/VIS 曲线。如图 5-7 所示，PSiC 中 $Fe^{3+}$ 特征吸收峰强度比 PSiFA 的强，说明 PSiC 中生成 $Fe^{3+}$ 的中、高聚物多，这是因为当 Si/(Fe＋Al) 比小时，$Fe^{3+}$ 较多地与端基 OH 反应，并且 Fe—O—Fe 键与 Si—O—Fe 键有互相促进形成的作用，PSiC 中快速生成大量以 Si—O—Fe—O—Fe—O—Si 键络合的中、高聚物，$Fe^{3+}$ 较难水解。而在 PSiFA 中，由于预先制备了聚硅酸，溶液中为 Si—O—Si—O—Si—O—Si 键，然后加入金属盐溶液，Si—O—Si 成键速度慢并且与 Si—O—Fe 键的形成可能有互相阻碍作用，参与络合的 $Fe^{3+}$ 较少，聚合物中以 Si—O—Fe—O—Si—O—Si 键为主。游离的 $Fe^{3+}$ 水解导致吸光值降低。

PSiC 中 $Al^{3+}$ 的特征峰强度也比 PSiFA 的强，这与 $Fe^{3+}$ 特征吸收峰

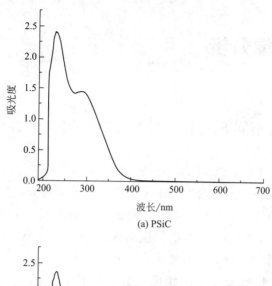

(a) PSiC

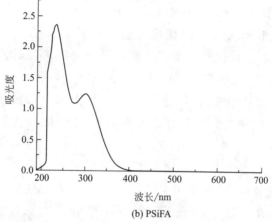

(b) PSiFA

图 5-7　PSiC 与 PSiFA 的 UV/VIS 曲线

的情况相似，说明 PSiC 中快速生成大量以 Si—O—Al—O—Al—O—Si 键络合的中、高聚物，PSiFA 中以 Si—O—Al—O—Si—O—Si 键为主。不同的是 PSiC 中 $Al^{3+}$ 的特征峰强度只比 PSiFA 的略强，这是由于 Fe(Ⅲ) 水解强烈，在聚合 PSiC 时，Fe(Ⅲ) 迅速水解并与 Si(Ⅳ) 聚合，生成大量以 Si—O—Fe—O—Fe—O—Si 键络合的中、高聚物，Si—O—Fe 键很稳定，可能在一定程度上影响了 Al 与 Si 聚合，游离的 $Al^{3+}$ 水解导致吸光度降低。而在 PSiFA 中以 Si—O—Fe—O—Si—O—Si 键为主，参与络合的 $Fe^{3+}$ 较少，对 Al 与 Si 聚合的影响较小。

# 5.5　显微成像分析

### 5.5.1　不同 Si/（Fe+Al）比的 PSiFA 的显微成像分析

图 5-8 是不同 Si/（Fe＋Al）比的 PSiFA 的形貌结构。由图 5-8 可以看出不同 Si/（Fe＋Al）比的 PSiFA 形貌结构差异很大。

Si/（Fe＋Al）比为 0.8 时出现明显的枝杈状结构，说明 $Fe(III)$、$Al(III)$、$SO_4^{2-}$、$Si(IV)$、少量其他金属离子及水解中间产物等多个组分之间相互作用，形成了聚合单元。Si/（Fe＋Al）比为 0.6 时，PSiFA 则呈现出球状或椭球状聚合体的形态。聚合体较粗大，可能是因为 Si/（Fe＋Al）比小时，$Fe(III)$ 和 $Al(III)$ 及其水解物更多地与硅酸发生聚合。$Fe(III)$、$Al(III)$、$SO_4^{2-}$、$Si(IV)$、少量其他金属离子及水解中间产物等多个组分之间相互作用，形成了尺寸较大的聚合单元。Si/（Fe＋Al）比为 1.5 时，枝杈变细，而密度增加，形成网状，说明 $Fe(III)$、$Al(III)$、$SO_4^{2-}$、$Si(IV)$、少量其他金属离子及水解中间产物等多个组分之间相互作用减少，形成了尺寸较小的聚合单元。这是由于 Si 含量高，而 $Fe(III)$ 和 $Al(III)$ 及其水解物的含量较低。在含盐少离子强度低时，硅酸三维聚合物发展为细微颗粒后会松散聚集成链状及网状含水聚集体，进而转化为凝胶状态。对不同 Si/（Fe＋Al）比的 PSiFA 形貌结构差异的分析与 IR 分析结果一致。

### 5.5.2　PSiC 与 PSiFA 的显微成像分析

PSiC 与 PSiFA 的形貌结构对比如图 5-9 所示。

由图 5-9 可以看出，PSiC 与 PSiFA 都是由不规则枝杈组成的聚集体，说明 $Fe(III)$、$Al(III)$、$SO_4^{2-}$、$Si(IV)$、少量其他金属离子及水解中间产物等多个组分之间相互作用，形成了聚合单元。但是，PSiC 与 PSiFA 的形貌结构明显不同。PSiC 中心核分形均匀，由中心向四周发

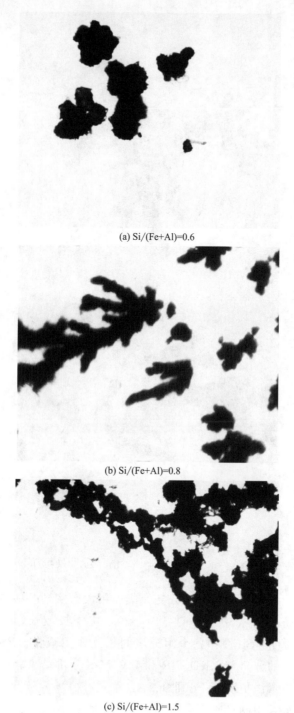

(a) Si/(Fe+Al)=0.6

(b) Si/(Fe+Al)=0.8

(c) Si/(Fe+Al)=1.5

图 5-8　不同 Si/(Fe＋Al) 比的 PSiFA 的形貌结构

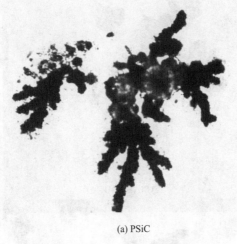

(a) PSiC

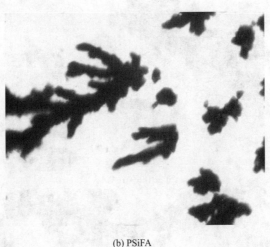

(b) PSiFA

图 5-9　PSiC（a）与 PSiFA（b）的形貌结构对比

散若干枝杈，各枝杈均较长，分支聚集处粗大密实，某些枝杈前段还分有小枝杈。而 PSiFA 中没有明显中心核，主干枝较长，分枝较少，单方向生长。说明 PSiFA 中各个组分之间相互作用减少。PSiC 与 PSiFA 形貌结构差异的分析与 XRD、IR 和 UV/VIS 分析结果相一致。说明同时聚合法比共聚法更利于 Fe(Ⅲ)、Al(Ⅲ)、$SO_4^{2-}$、Si(Ⅳ)、少量其他金属离子及水解中间产物聚合。

## 5.6　本章小结

　　本章采用 XRD、IR、UV/VIS 扫描以及显微成像等多种仪器表征，对比分析了不同 Si/(Fe+Al) 比的 PSiFA 以及 PSiC 与 PSiFA 中 Fe(Ⅲ)、Al(Ⅲ)、$SO_4^{2-}$、Si(Ⅳ)、少量其他金属离子及水解中间产物等多个组分之间络合过程、形态分布、离子键合情况以及显微形貌。研究结果表明如下。

　　① PSiC 与不同 Si/(Fe+Al) 比的 PSiFA 中 Fe(Ⅲ)、Al(Ⅲ)、$SO_4^{2-}$、Si(Ⅳ)、少量其他金属离子及水解中间产物等多个组分之间相互作用，新形成了多种共聚物，其中也包括没有固定分子式或者没有包含在 X 射线衍射标准卡片数据库中的物质。Si/(Fe+Al) 比为 0.8 的 PSiFA 中含有较多的聚合物。PSiC 与 PSiFA 相比，Si、Fe 和 Al 间的络合过程、程度和形态有很大的差异。并且与 PSiFA 相比，PSiC 中共聚物的聚合方式更复杂。

　　② PSiC 与 PSiFA 都是由羟基架桥连接的网状聚合物。PSiC 中羟基架桥、缔合水以及反映混凝性能的 Al—O—Si 和 Fe—O—Si 较 PSiFA 中的多。另外，PSiC 中的 Fe(Ⅲ) 与 Al(Ⅲ) 羟合物之间有交叉共聚作用，而 PSiFA 中没有。随着 Si/(Fe+Al) 比增大，PSiFA 中羟基架桥、缔合水、离子间聚合先增多后减少，Si/(Fe+Al) 比为 0.8 时聚合效果最优。

　　③ PSiC 中以 Si—O—Fe—O—Fe—O—Si 键和 Si—O—Al—O—Fe—O—Si 键络合的中、高聚物多，而在 PSiFA 中聚合物中以 Si—O—Fe—O—Si—O—Si 键为主，参与络合的 $Fe^{3+}$ 和 $Al^{3+}$ 较少。Fe(Ⅲ) 相比 Al(Ⅲ) 更容易与 Si 聚合，PSiC 中由于 Fe(Ⅲ) 的影响，Al(Ⅲ) 与 Si 聚合受到阻碍，而在 PSiFA 中这种阻碍作用弱，$Al^{3+}$ 的吸光度变化幅度小于 $Fe^{3+}$。$Fe^{3+}$ 和 $Al^{3+}$ 特征吸光值随 Si/(Fe+Al) 比的升高先升高后下降，Si/(Fe+Al) 比为 0.8 时吸光值最大。

　　④ PSiC 与 PSiFA 都是由不规则枝杈组成的聚集体。PSiC 中心核分形均匀，由中心向四周发散若干枝杈，各枝杈均较长，末端聚集粗

大密实，某些枝杈前段还分有小枝杈。而 PSiFA 中没有明显中心核，主干枝较长，分枝较少，单方向生长。PSiFA 中各个组分之间相互作用较 PSiC 减少。不同 Si/（Fe＋Al）比的 PSiFA 形貌结构差异很大，Si/（Fe＋Al）比为 0.8 时 PSiFA 出现明显的枝杈状结构。

PSiC 与 PSiFA、XRD、IR、UV/VIS 和形貌结构差异的分析结果相一致。说明同时聚合法比共聚法更利于 Fe（Ⅲ）、Al（Ⅲ）、$SO_4^{2-}$、Si（Ⅳ）、少量其他金属离子及水解中间产物聚合。

**6**

# 聚硅酸盐混凝剂(PSiC)的
# 混凝性能及絮体分形特征

制浆造纸工业废水主要来自制浆和抄纸两个工艺过程，该废水排放量大、浓度高、成分复杂、可生化性差、色度高并含有一些有毒物质[140]。目前，造纸废水的处理方法主要包括厌氧生物处理法和好氧生物处理法[141]。

厌氧生物处理法是在无氧的条件下利用兼性厌氧菌和专性厌氧菌将复杂的有机化合物降解转化为简单、稳定的化合物，并释放甲烷的过程。厌氧生物处理法的运转费用低、污泥产量少并且易于处理，因而得到了较好发展。好氧生物处理法中活性污泥法的应用最为广泛，是在有氧条件下以污水中的有机物培养好氧菌形成微生物絮体，并吸附、吸收、氧化和降解废水中的有机污染物的方法。造纸废水经过生物处理后，水质得到很大的改善，但是随着废水处理标准的提高，传统的生物处理方法已难以满足排放要求。因此，废水需经过深度处理，如混凝处理等，去除生物处理残余的污染物，从而达到回用或排放标准。

采油废水是原油开采中产生的含油污水，含有原油、盐类、悬浮物、有机物、特殊微生物以及生产过程中残留的化学添加剂等多种杂质，并且化学添加剂会吸附于固体悬浮物与原油形成稳定胶体，因此处理难度比较大。陕北油田采油废水的水质特点为：含有较高浓度原油、固体悬浮物、无机盐和有机污染物；微生物含量较高，重金属离子含量低；长庆油田硫化物含量高，污水呈弱碱性，延长油田硫化物含量较低，污水呈弱酸性[142]。

采油废水来自油层，与储层岩石和流体配伍性较高，最适合作为回注水源。陕北油田采油废水排放量大，每年多达 $3 \times 10^7 \, \text{m}^3$[143]，而陕北地区水资源匮乏，用采油废水作为回注水不但可以降低运行成本也有利于环境保护和节水。但采油废水作为回注水会对地层、油井和地面系统产生堵塞、腐蚀和结垢等影响[144,145]。因此采油废水必须经过深度精细处理，以达到回注水标准，减小其不利影响。

在混凝过程中，经过混凝剂水解、与胶体颗粒作用脱稳和凝聚等一系列反应，形成具有独特形态结构的絮体，这是具有非线性特征的随机过程。絮体的形态、强度、大小和沉降性能等可以反映处理效果。近年来，一些学者将分形理论应用于絮体的研究中，使用分形维数来描述絮体的不规则程度，进而分析絮体的形成过程和影响因素。焦世珺研究了聚磷硫酸铁（PPFS）处理生活污水时絮体的分形特征和 Zeta 电位的变化，发现 PPFS 混凝过程中同时具有电中和、吸附架桥和网捕作用，但以吸附架桥作用最为重要[132]。郑丽娜等研究了复合生物化学混凝剂投加量对絮体分形维数的影响，结果表明，当高浊度和低浊度废水处理效果最优时，絮体的分形维数在1.4~1.6之间[146]。但大多数研究是将絮体分形特征与混凝剂处理效果对比或分析混凝条件对絮体分形维数的影响，很少有研究将絮体分形特征、混凝剂形态结构和混凝性能结合分析，深入探讨混凝机理。

通过上两章节的研究表明，PSiC作为一种新型的无机高分子混凝剂，其电中和、吸附架桥、网捕和卷扫等能力较强。为了解PSiC的实际应用效果，本章研究PSiC对采油废水、造纸废水和印染废水的处理效果、pH值适用范围，并与PSiFA以及常规混凝剂聚合氯化铝（PAC）进行比较，并且研究了Si/(Fe+Al)比和pH值对PSiC混凝性能和絮体分形维数的影响，探讨了其除污染机理。

# 6.1 PSiC的混凝性能

实验中使用的水样包括采油废水，制浆造纸废水一沉池、二沉池出水和印染废水生化处理出水。造纸和印染废水的主要水质指标如表6-1所列，采油废水水质如表6-3所列。

表6-1 造纸和印染废水的主要水质指标

| 水质指标 | 一沉池出水 | 二沉池出水 | 印染生化出水 |
|---|---|---|---|
| 浊度/NTU | 2601 | 66 | 3.4 |
| COD/(mg/L) | 1300 | 150 | 200 |
| 色度/倍 | 400 | 16 | 40 |

## 6.1.1 采油废水

目前陕北油区还没有较成熟的高效低成本采油废水处理工艺。长庆油田采油污水处理工艺主要是含油污水经沉降罐、斜板除油器，然后加入聚合氯化铝，再经核桃壳过滤器和改性纤维球过滤器过滤。由于出水中仍含有较高的油和杂质,因此不能达到油田回注水水质标准[142]。延长油田某污水处理站已有的处理流程主要是含油污水经隔油沉砂池、涡流刮油机后加入混凝剂,再经气浮、二次气浮后经核桃壳、石英砂机械过滤,最后为精细过滤(超滤)。这套处理工艺因为使用了超滤,效果好,最终出水能达标回注。但是超滤膜非常容易堵塞,运行成本较高,所以实际上此装置并未长期投入使用。

通过分析采油废水现有处理工艺发现,混凝过程可破坏废水中胶体的稳定性,去除有机物、油和固体悬浮物,其效果好坏直接影响后续处理工艺负荷和整个处理效果,是最为关键的处理工艺之一。本章中采用 PSiC 处理采油废水,以期提高混凝出水水质,使废水达标排放或回用。

PSiC 投加量对采油废水浊度和色度去除以及产生絮体的影响见图 6-1 和表 6-2,投放量以 Fe 和 Al 计。如图 6-1 所示,随着投加量增加,PSiC 对采油废水浊度去除率先升高后降低,对色度的去除率先升高后趋于稳定。

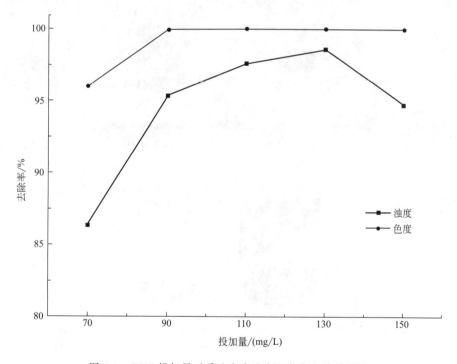

图 6-1　PSiC 投加量对采油废水浊度和色度去除的影响

表 6-2　PSiC 的投加量对采油废水絮体的影响

| 投加量/(mg/L) | 70 | 90 | 110 | 130 | 150 |
|---|---|---|---|---|---|
| 絮体形态 | 较大 | 较大 | 较大 | 适中 | 较小 |
| 絮体沉降 | 较快 | 较快 | 快 | 快 | 快 |
| 絮体量 | 少 | 少 | 少 | 多 | 较多 |

从表 6-2 可以看出，随着投加量增加，絮体的形态由大而松散的结构变为小而密实的结构，所以絮体的沉降速度也逐级加快，并且絮体产生量先增加后减少。在投加量为 130mg/L 时，PSiC 的处理采油废水效果最好，絮体产生量较多，絮体形态结构密实，沉降速度快。

PSiC 处理采油废水的过程和效果见图 6-2，投加量为 130mg/L。

(a) 搅拌混凝过程　　　　　(b) 沉淀过程

(c) 原水与处理后的水及沉淀对比

图 6-2　PSiC 处理采油废水过程和效果

从图 6-2 中可以看出，PSiC 加入采油废水中搅拌混凝后会产生大量絮体，并且絮体比较密实，沉降速度快。与原水对比，混凝沉降处理后出水水质澄清。

PSiC 处理采油废水出水水质如表 6-3 所列。表 6-3 表明 PSiC 处理采油废水具有良好的效果，能显著降低废水的含油量、COD、浊度、SS 以及多种离子含量等，出水水质较好。处理前后采油废水的 pH 值变化不大，对设备的腐蚀作用较小。

表 6-3　PSiC 处理采油废水出水水质

| 检测项目 | 原水 | PSiC 处理出水 |
| --- | --- | --- |
| 含油量/(mg/L) | 147 | 10 |
| SS/(mg/L) | 145 | 2 |
| $Cl^-$/(mg/L) | 31586 | 27199 |
| 浊度/NTU | 71 | 0.98 |
| 总铁/(mg/L) | 1.6 | 0.94 |
| 矿化度/(mg/L) | 52016 | 44846 |
| $SO_4^{2-}$/(mg/L) | 1128 | 1348 |
| $Ca^{2+}$/(mg/L) | 2260 | 2175 |
| $Mg^{2+}$/(mg/L) | 1269 | 1156 |
| $Ba^{2+}$/(mg/L) | 0 | 0 |
| $Cr^{2+}$/(mg/L) | 0 | 0 |
| $K^+ + Na^+$/(mg/L) | 17758 | 16021 |
| $CO_3^{2-}$/(mg/L) | 0 | 0 |
| $HCO_3^-$/(mg/L) | 663 | 289 |
| COD/(mg/L) | 1795 | 268 |
| pH 值 | 6.9 | 6.8 |

采油废水以及 PSiC 处理出水的颗粒粒径特征分别如图 6-3 和图 6-4 所示。陕北油田属于低渗透、特低渗透油藏，注入层平均空气渗透率小于 $0.10\mu m^2$，参照《碎屑岩油藏注水水质推荐指标及分析方法》（SY/T 5329—2012），其注水水质标准为悬浮固体含量小于 5mg/L，悬浮物颗粒中值直径小于 $3\mu m$，含油量小于 15mg/L。

如图 6-3 和图 6-4 所示，原水中颗粒物的粒径中值为 $13.643\mu m$，而经过混凝处理的出水中颗粒物的粒径中值降低为 $5.851\mu m$。

混凝处理出水经吸附可进一步提高水质。本实验中选择活性炭吸附，所使用的活性炭过滤柱规格为：直径 3cm，高度 60cm，承托层为

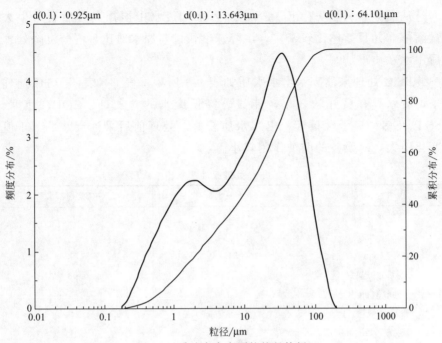

图 6-3　采油废水中颗粒粒径特征

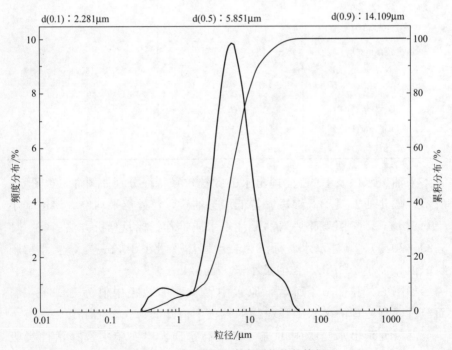

图 6-4　PSiC 处理出水中颗粒粒径特征

高度 5cm 的脱脂棉，填料层为高度 50cm 的颗粒活性炭，活性炭粒径为 1.25～2.5mm，填充密度为 0.45～0.5g/cm³。水力停留时间为 30min。

PSiC 混凝和活性炭处理采油废水出水水质如表 6-4 所列，出水中颗粒物粒径中值如图 6-5 所示。从表 6-4 和图 6-5 中可以看出，PSiC 混凝出水经活性炭吸附处理后，进一步降低了采油废水的含油量、COD、浊度、色度等水质指标，色度和浊度去除率可以达到 100%，处理出水的 pH 值变化不大，并且出水中的颗粒粒径中值仅为 1.5μm，完全可以达到回注水的标准。

表 6-4　PSiC 混凝和活性炭处理采油废水出水水质

| 检测项目 | 原水 | PSiC 混凝出水 | 活性炭过滤出水 |
| --- | --- | --- | --- |
| 含油量/(mg/L) | 147 | 10 | 5.23 |
| 色度/倍 | 25 | 0.5 | 0 |
| 浊度/NTU | 71 | 0.98 | 0 |
| COD/(mg/L) | 1795 | 268 | 120 |
| pH 值 | 6.9 | 6.8 | 6.8 |

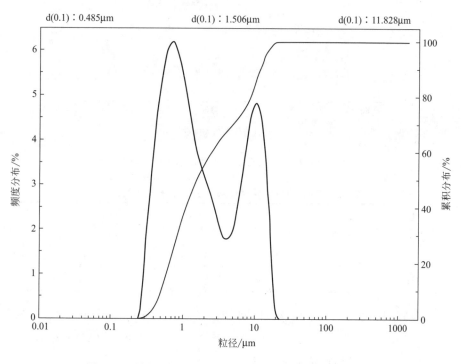

图 6-5　混凝和活性炭处理采油废水出水中颗粒粒径中值

## 6.1.2 其他工业废水

（1）造纸一沉池出水

图 6-6 和表 6-5 分别为 PSiC 的投加量对造纸一沉池出水除浊和产生絮体的影响。

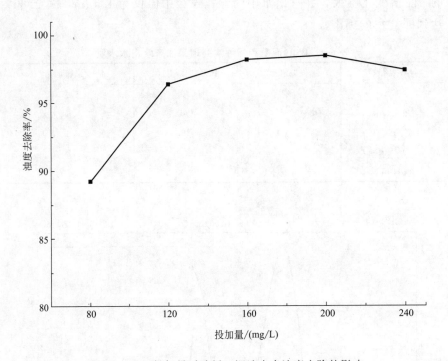

图 6-6　PSiC 投加量对造纸一沉池出水浊度去除的影响

表 6-5　PSiC 的投加量对造纸一沉池出水絮体的影响

| 投加量/(mg/L) | 80 | 120 | 160 | 200 | 240 |
| --- | --- | --- | --- | --- | --- |
| 絮体形态 | 小 | 小 | 小 | 适中 | 较小 |
| 絮体沉降 | 慢 | 较快 | 快 | 快 | 快 |
| 絮体量 | 少 | 较少 | 较少 | 较多 | 较少 |

混凝剂投加量以 Fe 和 Al 计。从图 6-6 和表 6-5 可以看出，随着 PSiC 投加量的增加，除浊率先升高后平稳下降。最佳投加量为 200mg/L。

（2）造纸二沉池出水

图 6-7 和表 6-6 分别为 PSiC 投加量对造纸二沉池出水浊度去除和产生絮体的影响。

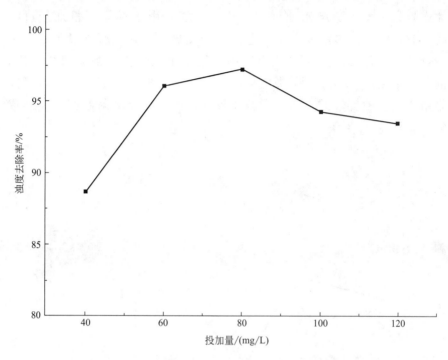

图 6-7　PSiC 投加量对造纸二沉池出水浊度去除的影响

**表 6-6　PSiC 的投加量对造纸二沉池出水絮体的影响**

| 投加量/(mg/L) | 40 | 60 | 80 | 100 | 120 |
|---|---|---|---|---|---|
| 絮体形态 | 较大 | 较大 | 适中 | 适中 | 较大 |
| 絮体沉降 | 较快 | 较快 | 快 | 快 | 快 |
| 絮体量 | 少 | 较少 | 多 | 较少 | 少 |

造纸二沉池出水较一沉池出水的浊度大幅降低，因此投药量也较一沉池出水低。从图 6-7 和表 6-6 可以看出，随着 PSiC 投加量的增加，浊度去除率和絮体产生量先升高后平稳下降。投加量为 80mg/L 时，浊度去除率最高，产生的絮体也较多并且沉降速度快。

（3）印染废水

图 6-8 和表 6-7 分别为 PSiC 的投加量对印染废水生化出水浊度、色度去除和产生絮体的影响。印染生化出水澄清，浊度较低，但生化处理

对色度去除率不佳，出水色度较高。从图 6-8 和表 6-7 可以看出，随着 PSiC 投加量的增加，浊度去除率和絮体产生量先升高后急剧下降，最佳投加量为 80mg/L。当混凝剂投加量大于 120mg/L 时，几乎没有絮体产生，不能去除废水浊度和色度。可能是由于混凝剂投加量过大时，胶体吸附过多的反离子，电荷逆变反稳，并且混凝剂过量时，聚合物分子各伸展部位也可能会吸附在同一个胶粒上，削弱架桥作用，混凝效果变差。另外，印染生化出水混凝处理产生的絮体较小，可能是由于废水浊度较低，悬浮颗粒物较少，难以通过吸附卷扫作用形成较大絮体。

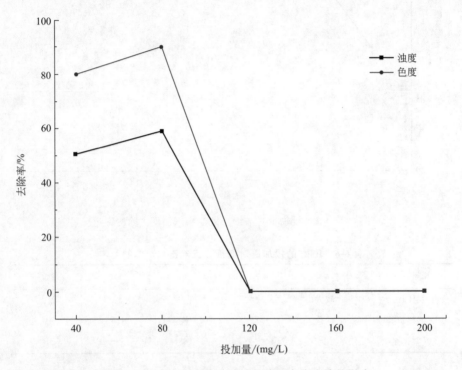

图 6-8  PSiC 投加量对印染废水浊度和色度去除的影响

表 6-7  PSiC 的投加量对造纸二沉池出水絮体的影响

| 投加量/(mg/L) | 40 | 80 | 120 | 160 | 200 |
| --- | --- | --- | --- | --- | --- |
| 絮体形态 | 小 | 较小 | 细小 | 细小 | 细小 |
| 絮体沉降 | 较慢 | 较慢 | 慢 | 慢 | 慢 |
| 絮体量 | 较多 | 多 | 极少 | 极少 | 极少 |

# 6.2 废水pH值对PSiC混凝性能的影响

　　pH值影响废水中胶粒表面电荷的ζ电位，对混凝剂的混凝作用有重要的影响。确定PSiC处理废水的最佳pH值范围，对实际应用有重要意义。

　　本实验中，配制0.1mol/L的NaOH和HCl溶液用于调节造纸二沉池出水的pH值，考察了废水pH值分别为2、4、7、9、11时PSiC的混凝性能，结果见图6-9和表6-8。从图6-9和表6-8中可以看出，PSiC对酸性废水处理效果较差，浊度和色度的去除率较低，絮体形态较大但松散，难以快速沉降，并且产生的量较少。随着废水pH值升高，PSiC的除浊率先升高后略有下降。pH值为7~11时，PSiC除浊率一直保持在90%以上。色度去除率随着废水pH值升高也呈现先升高

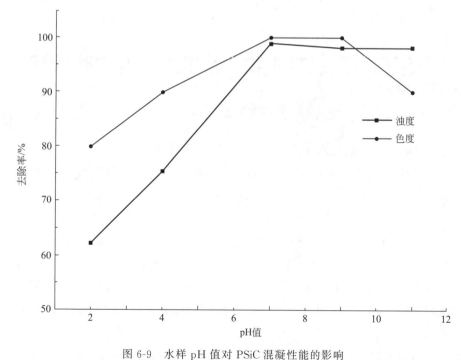

图6-9　水样pH值对PSiC混凝性能的影响

后降低的趋势，pH 值为 7～9 时去除率较高，并且絮体大小适中、密实、沉降速度快、产生量较多。综上所述，PSiC 在中性和碱性废水中，表现出良好的混凝性能，最优的 pH 值范围是 7～9。可能是因为在此 pH 值范围内，带负电荷的胶粒与带正电荷的 PSiC 水解产物快速有效地发生电中和和吸附架桥作用，达到最佳处理效果。

表 6-8　水样 pH 值对絮体的影响

| 絮体指标 | pH 值 | | | | |
|---|---|---|---|---|---|
| | 2 | 4 | 7 | 9 | 11 |
| 絮体形态 | 松散、较大 | 松散、较大 | 适中 | 适中 | 较小 |
| 絮体沉降 | 较快 | 较快 | 快 | 快 | 快 |
| 絮体量 | 少 | 少 | 多 | 多 | 较少 |

付英[147]对聚硅酸铁 PSF 的研究表明，pH<4 时，PSF 中 Fe 几乎完全解聚，混凝过程中主要以电中和、脱稳作用为主，缺少架桥连接作用，处理性能下降。5<pH<9 范围内，电中和、脱稳和架桥功能相结合，处理效果较好。pH>11 时，只存在部分电中和、脱稳性能，而以架桥作用为主。这与本实验结果基本一致。

# 6.3　PSiC对天然有机物（NOMs）的去除效果

$UV_{254}$ 是反映废水中有机物含量的重要指标，代表了一类具有相似性质的有机物，如木质素、丹宁、腐殖酸和含有酚基、羧基的其他物质，可以统称为弱阴离子聚合物。这些物质是废水二级处理出水中的主要有机污染物质，并且在 254nm 处有强烈吸收。但是还有一些有机物，如部分氨基酸和低饱和度的脂肪酸等，在 254nm 处吸收很少甚至没有吸收。因此 $UV_{254}$ 是弱阴离子聚合物的综合反映，不代表某种特定的有机物含量。$UV_{254}$ 可以作为三卤甲烷（THMs）前驱物（THMFP）、总有机碳（TOC）和溶解性有机碳（DOC）等指标的代替参数[148]。$UV_{254}$ 与 TOC 或 DOC、THMFP 和色度有较好的相关性，并且测定方法简单、快捷、可重复性高，已经得到了国内外的水处理研究人员普遍认可[149]。通过回归分析，UV$_{254}$可以与特定水体中的有机污染物建立相关度较好的方程。例如，很多学者经研究证实了UV$_{254}$是TOC较为准确的代替参数，推广二者相关关系所应用的水体、水质范围，可以得出能够普遍适用于多种废水的TOC-UV$_{254}$方程[148]。目前，由于缺乏统一的参考标准，国内的水质检测指标中UV$_{254}$尚未被普遍应用，工业实施检测的技术条件还不够成熟，在UV$_{254}$的推广应用中还需要进行大量的研究工作。

### 6.3.1 pH值的影响

用PSiC处理不同pH值的废水，并考察了不同混凝和沉降时间下UV$_{254}$的变化趋势，结果如图6-10和图6-11所示。由图6-10可以看出，PSiC可以显著降低废水的UV$_{254}$值，这与很多混凝实验研究结果一致[150,151]。PSiC加入废水后，在混凝搅拌初期UV$_{254}$迅速下降，停止搅拌后又略有所上升，说明PSiC对UV$_{254}$的去除有明显效果。在快速搅拌时，PSiC迅速均匀分散到废水中，与有机物相互作用，改变其形

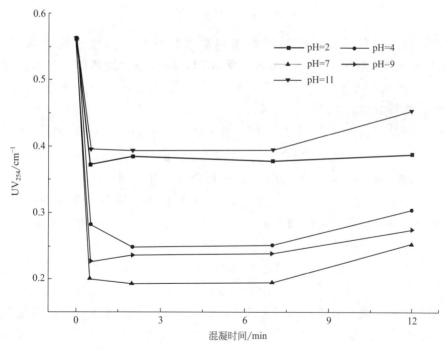

图6-10　不同pH值下混凝时间对出水UV$_{254}$的影响

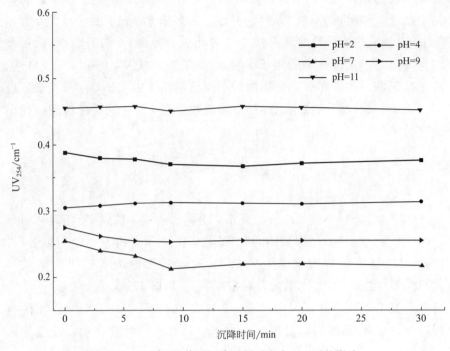

图 6-11　不同 pH 值下沉降时间对出水 $UV_{254}$ 的影响

态性质，将其析出，此时可见细小初级絮绒体。在慢速搅拌阶段，PSiC 进一步发挥桥联黏结和卷扫等作用，形成较大的絮体，所以在搅拌过程中，$UV_{254}$ 迅速下降后保持相对稳定，而搅拌过程结束后，可能有少部分有机物复溶解，造成水中 $UV_{254}$ 有所回升。

　　另外，如图 6-10 所示，pH 值对 $UV_{254}$ 的去除也有很大影响。pH = 7～9 时对 $UV_{254}$ 的去除率较高。过酸或过碱的条件都不利于 $UV_{254}$ 的去除。这与两个因素有关，首先 pH 值可以改变混凝剂水解产物形态，当 pH 值较低（<4）时，混凝剂的水解产物主要是带有正电荷的离子，能有效中和颗粒和有机物的负电荷，pH 值升高（7～9）时，溶液中会形成聚合水解产物和凝胶沉淀物，颗粒物和有机物被进一步吸附和网捕，去除率较高。而 pH 值过高（>10）时，混凝剂水解产物部分转化为溶解性带负电荷的离子，污染物难以脱稳去除。其次 pH 值也会改变废水中颗粒物和有机物的理化性质，较低的 pH 值条件下，有机物存在形态发生一定变化，电荷密度、溶解性和亲水性降低，较容易被吸附，从而提高有机物的去除率。pH = 4～9 时 PSiC 对 $UV_{254}$ 的去除率稳定保持在 55％以上，也证明了酸性条件有助于提高有机物的去除率。在中性和碱性条件下，PSiC 也保持着较高的 $UV_{254}$ 去除率，可能是由于 PSiC 能改变有机物表面性质，将难去除的憎水性有机物转化为了亲水性物质。

由图 6-11 可以看出，不同 pH 值的废水在混凝搅拌后，沉淀初期 $UV_{254}$ 稍有波动，可能是因为部分有机物处于析出-溶解的动态过程，沉降 10min 后基本趋于稳定，没有有机物大量复溶的现象，说明 PSiC 能有效去除 $UV_{254}$。

## 6.3.2　投加量的影响

在混凝过程中，混凝剂投加量对 $UV_{254}$ 的去除的影响如图 6-12 所示。由图 6-12 可以看出，PSiC 投加量小于 80mg/L 时，在混凝搅拌初期 $UV_{254}$ 迅速下降，停止搅拌后又略有上升。说明适量的 PSiC 对 $UV_{254}$ 的去除有明显效果，在快速搅拌时，PSiC 迅速均匀分散到废水中，与有机物相互作用，改变其形态性质，将其析出，此时可见细小初

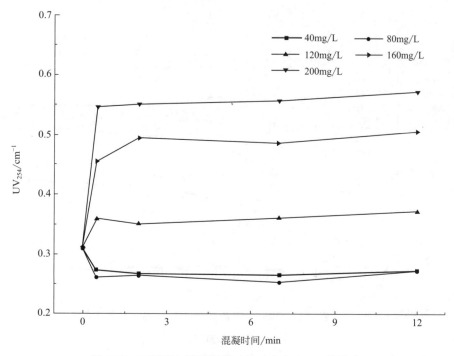

图 6-12　不同投加量下混凝时间对出水 $UV_{254}$ 的影响

级絮绒体。在慢速搅拌阶段，PSiC 进一步发挥桥联黏结和卷扫等作用，形成较大的絮体，所以在搅拌过程中，$UV_{254}$ 迅速下降后保持相对稳定。而搅拌结束后，可能部分有机物复溶解，造成水中 $UV_{254}$ 有所回升。

当 PSiC 投加量大于 120mg/L 时，混凝过程中无絮体产生且废水的 $UV_{254}$ 值升高，可能是因为混凝剂投加量过大时废水中胶体电荷逆变反稳。有机物未能析出沉淀，并且混凝剂过量时，多个聚合物分子或聚合物分子的多个部位也可能会吸附在同一个胶体颗粒上，降低架桥作用和混凝效果。投加的过量混凝剂反而使废水的 $UV_{254}$ 值随 PSiC 增加而进一步提高。实验结果表明 PSiC 投加量为 80mg/L 时对 $UV_{254}$ 的去除率较高，投加量过小或过大都不利于 $UV_{254}$ 的去除。

图 6-13 显示了混凝剂投加量对沉降过程中 $UV_{254}$ 的去除的影响。由图 6-13 可以看出，不同混凝剂投加量的废水在混凝搅拌后，沉淀初期 $UV_{254}$ 稍有波动，可能是因为部分有机物处于析出-溶解的动态过程，沉降 10min 后基本趋于稳定。没有有机物大量复溶的现象，说明适量的 PSiC 能有效去除 $UV_{254}$。

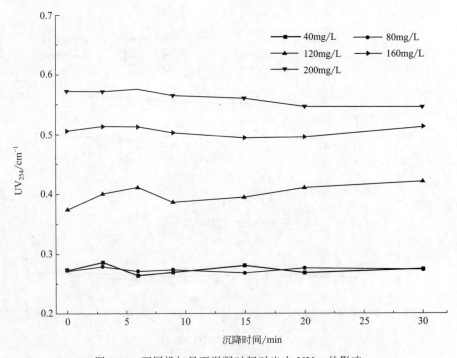

图 6-13　不同投加量下混凝时间对出水 $UV_{254}$ 的影响

# 6.4 Si/(Fe+Al)比对PSiC混凝性能和絮体分形维数的影响

### 6.4.1 Si/（Fe+Al）比对 PSiC 混凝性能的影响

图 6-14 为不同 Si/（Fe＋Al）比的 PSiC 处理造纸厂二沉池出水时的浊度、COD 和色度的去除率。不同 Si/（Fe＋Al）比的 PSiC 的投加量相同，均为 80mg/L。

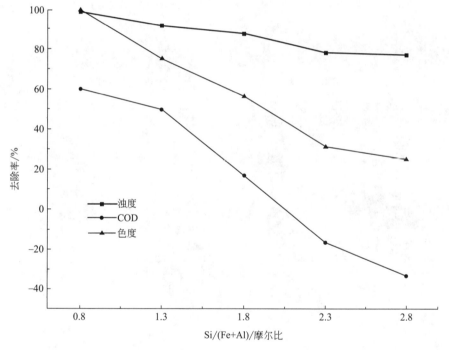

图 6-14　不同 Si/（Fe＋Al）比的 PSiC 混凝性能

从图 6-14 可以看出，随着 Si/（Fe＋Al）比升高，PSiC 处理造纸厂二沉池出水后的浊度、COD 和色度的去除率都有所降低，说明 PSiC 的混凝性能随着其 Si/（Fe＋Al）比的升高而降低。这与第 4 章中不同 Si/（Fe＋Al）比的 PSiC 的内部结构、离子键合情况以及形貌分析结果是一致的，这也说明了 PSiC 的水解形态结构和形貌特征对其混凝性能有影响。

## 6.4.2　Si/(Fe+Al) 比对 PSiC 絮体分形维数的影响

不同 Si/(Fe＋Al) 比的 PSiC 处理造纸厂二沉池出水后，将产生的絮体分别置于载玻片上，常温干燥，并用显微成像系统观察拍照，放大倍数为 40 倍，如图 6-15 所示。

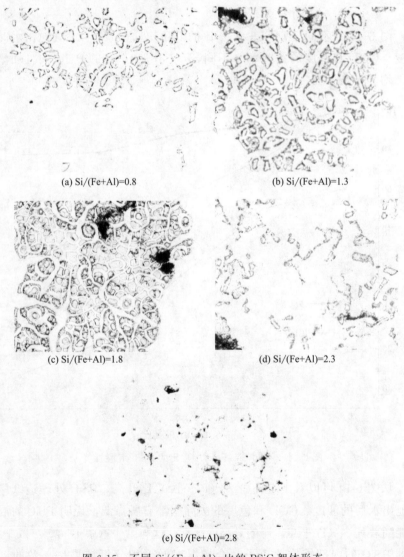

(a) Si/(Fe+Al)=0.8　　　　　　(b) Si/(Fe+Al)=1.3

(c) Si/(Fe+Al)=1.8　　　　　　(d) Si/(Fe+Al)=2.3

(e) Si/(Fe+Al)=2.8

图 6-15　不同 Si/(Fe＋Al) 比的 PSiC 絮体形态

用计算机软件处理絮体图像，得到絮体的周长和面积，进而计算其分形维数。各 Si/（Fe＋Al）比的 PSiC 的絮体分形维数拟合计算结果如图 6-16 所示，Si/（Fe＋Al）比对 PSiC 絮体分形维数的影响见图 6-17。从图 6-16 和图 6-17 可以看出，随着 Si/（Fe＋Al）比升高，PSiC 处理造纸厂二沉池出水时絮体分形维数先增大后减小，而浊度、COD 和色度去除率降低。

上述现象可能是由于 Si/（Fe＋Al）比小时，PSiC 中阳离子较多，电中和能力较强，在混凝过程中使胶体迅速发生电中和/双电层压缩脱稳，碰撞聚集成密实絮体，快速沉降。当 Si/（Fe＋Al）比升高时，电中和能力减弱，PSiC 在混凝过程中使胶体脱稳能力有限，主要以吸附架桥作用形成较大的松散絮体，沉降速度变慢，去除的胶体、悬浮物和

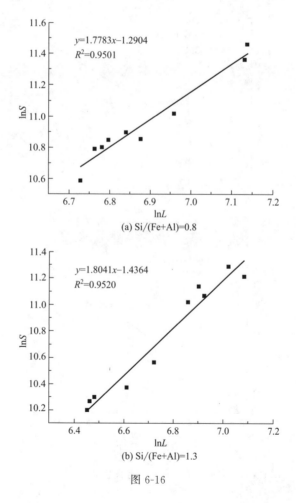

图 6-16

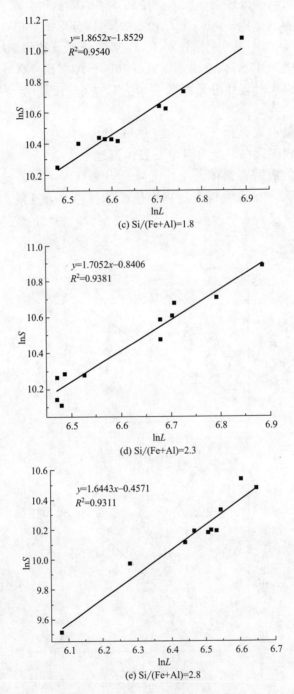

图 6-16　不同 Si/(Fe＋Al) 比的 PSiC 絮体分形维数

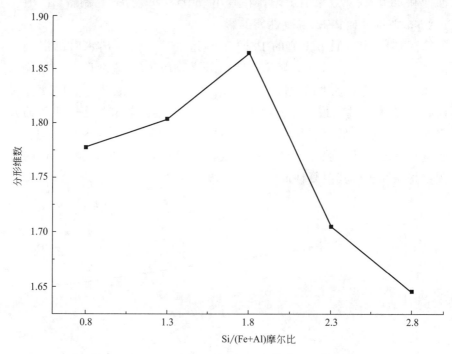

图 6-17　Si/(Fe+Al) 比对 PSiC 絮体分形维数的影响

有机物量减少。当 Si/(Fe＋Al) 比进一步升高时，电中和能力继续下降，并且从第 4 章中混凝剂的形貌观察中已经发现由于 Si 含量高，而 Fe(Ⅲ) 和 Al(Ⅲ) 及其水解物的含量较低，PSiC 中硅酸三维聚合物发展为细微颗粒后会松散聚集成链状及网状含水聚集体，在混凝过程中依靠网捕作用形成松散的絮体，在紊流剪切力作用下极易破裂成细小的絮体。

# 6.5　PSiC的pH值对混凝性能和絮体分形维数的影响

### 6.5.1　PSiC 的 pH 值对混凝性能的影响

参考相关文献[28,65,66]，结合第 3 章正交试验中制备 pH 值对 PSiC

浊度和 COD 去除效果的影响，在本小节中设计实验研究制备 pH 值在 1.2～5 之间时对 PSiC 混凝性能的影响。

图 6-18 为不同 pH 值的 PSiC 处理造纸厂二沉池出水时的混凝性能。从图 6-18 可以看出，随着 pH 值升高，PSiC 对造纸厂二沉池出水的浊度、COD 和色度的去除率呈现先增高后降低的趋势。pH＝1.5 时 PSiC 的混凝剂性能最优，说明 PSiC 的混凝性能随着其制备 pH 值的升高而先增高后降低。这与第 4 章中不同 pH 值的 PSiC 的内部结构、离子键合情况以及形貌分析结果相一致，说明 pH 值通过影响 PSiC 的微观结构从而改变其混凝性能。

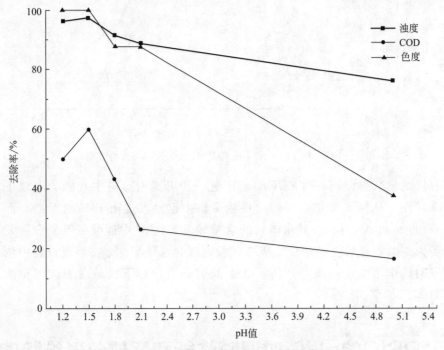

图 6-18　不同 pH 值的 PSiC 混凝性能

## 6.5.2　PSiC 的 pH 值对絮体分形维数的影响

不同 pH 值的 PSiC 处理造纸厂二沉池出水后，絮体如图 6-19 所示。

用计算机软件处理絮体图像，得到絮体的周长和面积，进而计算其分形维数。各 pH 值的 PSiC 的絮体分形维数拟合计算结果如图 6-20 所示。

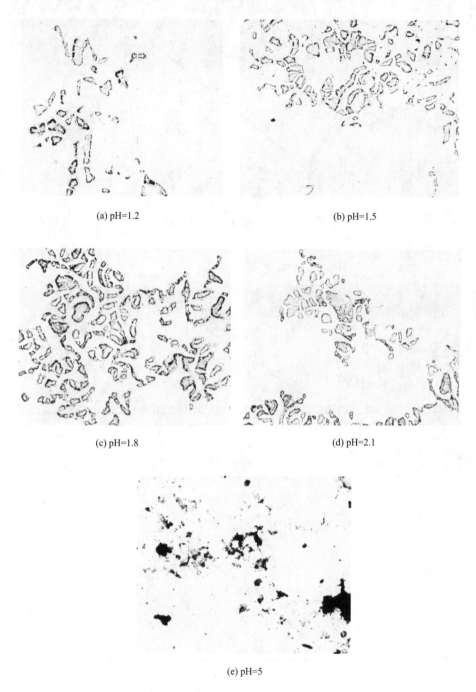

(a) pH=1.2

(b) pH=1.5

(c) pH=1.8

(d) pH=2.1

(e) pH=5

图 6-19　不同 pH 值的 PSiC 絮体形态

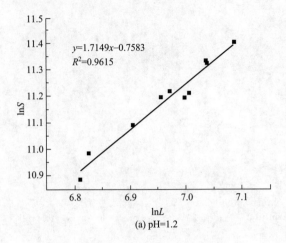

(a) pH=1.2

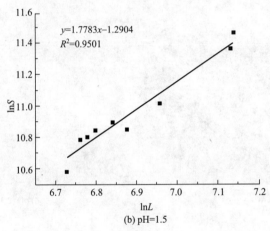

(b) pH=1.5

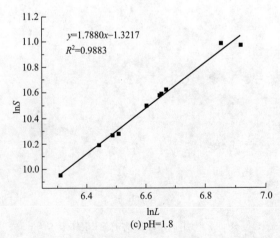

(c) pH=1.8

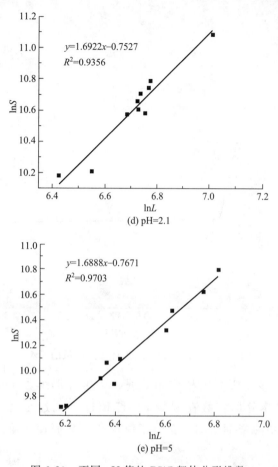

图 6-20　不同 pH 值的 PSiC 絮体分形维数

　　pH 值对 PSiC 絮体分形维数的影响见图 6-21。从图 6-19～图 6-21 可以看出，随着 pH 值升高，PSiC 处理造纸厂二沉池出水时絮体分形维数先增大后减小，而浊度、COD 和色度去除率也是先升高后降低。

　　结合第 4 章中不同 pH 值的 PSiC 混凝剂形态结构分析结果推断其混凝机理可能是当 pH 值为 1.2 时，PSiC 中羟基架桥和缔合水少、Fe(Ⅲ) 与 Al(Ⅲ) 羟合物之间交叉共聚作用及与硅酸的聚合弱，枝杈小且向单方向生长，混凝架桥性能弱，产生的絮体分形维数较小，随着 pH 值升高，PSiC 中各组分的聚合作用增强，形成了尺寸较大的聚合单元，依靠吸附架桥作用产生分形维数较大的絮体。当 pH 值进一步增大时，Si 聚合程度减小，生成的易于 $Fe^{3+}$、$Al^{3+}$ 水解的低聚合物增多，

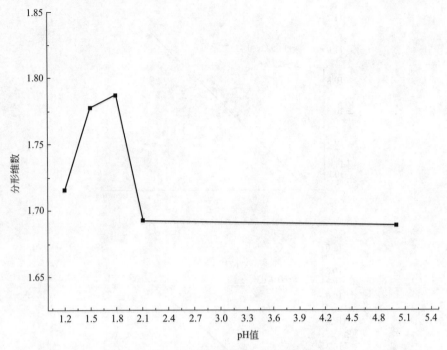

图 6-21　pH 值对 PSiC 絮体分形维数的影响

PSiC 的枝杈变少,吸附架桥作用减弱,产生分形维数小的絮体。污染物去除率和絮体分形维数在混凝剂 pH 值过大或过小时都降低,说明 pH 值通过改变混凝剂结构,影响絮体成长,从而使污染物去除率有所不同。

# 6.6　PSiC与其他混凝剂性能和絮体分形维数比较

## 6.6.1　PSiC 与其他混凝剂性能对比

图 6-22 和图 6-23 分别为 PSiC 与 PAC、PSiFA 以最优投加量处理造纸厂一沉池出水和造纸厂二沉池出水时的混凝性能比较。从图 6-22 可以看出,3 种混凝剂的除浊效率相近,PAC 的除 COD 效果较差,说

明对于高浊度废水，聚硅酸盐混凝剂的除浊性能与传统的无机高分子混凝剂差异不大。PSiC 除 COD 的效果略优于 PSiFA，说明不同制备方法对聚硅酸盐混凝剂的性能有一定影响。从图 6-23 可以看出，PSiC 除浊度和 COD 效果明显优于 PAC，说明 PSiC 更适合低浊度废水的处理。PSiC 与 PSiFA 的除浊率相近，但 PSiC 的去除 COD 效果优于 PSiFA。这与第 5 章中 PSiC 与 PSiFA 内部结构、离子键合情况以及形貌对比分析结果相一致。证实了不同的制备方法通过改变混凝剂的形态结构影响其混凝性能。

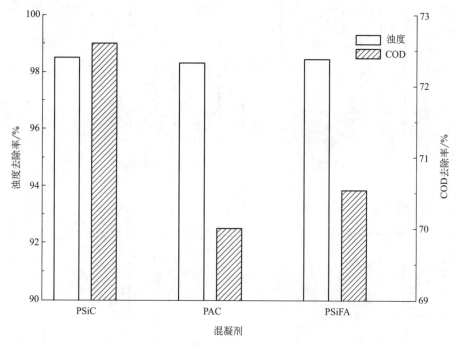

图 6-22　不同混凝剂对造纸一沉池出水处理效果

　　PSiC 与 PAC、$FeCl_3$ 以最优投加量处理采油废水时的混凝性能比较如图 6-24 所示。PSiC 除浊度和 COD 效果明显优于 PAC，PSiC 与 $FeCl_3$ 的除浊率相近，但 PSiC 的去除 COD 效果优于 $FeCl_3$。说明 PSiC 比传统无机混凝剂更适合低浊度含油废水的处理。

## 6.6.2　PSiC 与 PSiFA 絮体分形维数对比

　　PSiC 与 PSiFA 处理造纸厂二沉池出水后，絮体常温干燥，并用显

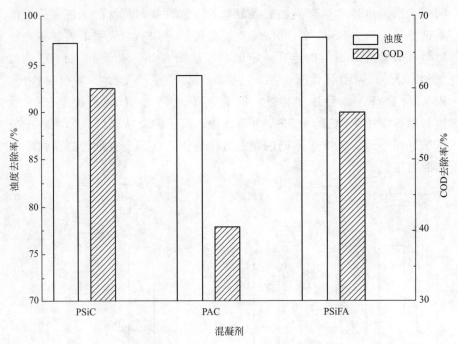

图 6-23　不同混凝剂对造纸二沉池出水处理效果

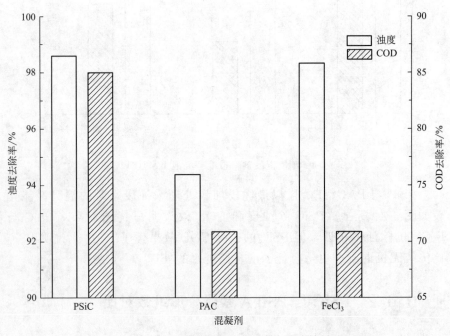

图 6-24　不同混凝剂对采油废水处理效果

微成像系统观察拍照如图 6-25 所示。

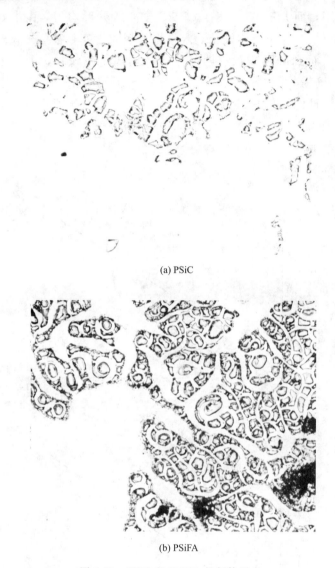

(a) PSiC

(b) PSiFA

图 6-25　PSiC 和 PSiFA 的絮体形态

絮体分形维数拟合计算结果如图 6-26 所示。从图 6-23、图 6-25 和图 6-26 可以看出，PSiC 处理造纸厂二沉池出水时絮体分形维数比 PSiFA 大，而浊度、COD 和色度去除率也高于 PSiFA。结合第 5 章中 PSiC 与 PSiFA 混凝剂形态结构对比分析结果推断，其混凝机理可能是 PSiC 中羟基架桥、缔合水以及反映混凝性能的 Al—O—Si 和 Fe—O—Si

较 PSiFA 中的多。另外，PSiC 中的 Fe(Ⅲ) 与 Al(Ⅲ) 羟合物之间有交叉共聚作用，而 PSiFA 中没有。PSiC 中心核分形均匀，由中心向四周发散若干枝杈，各枝杈均较长，末端聚集粗大密实，某些枝杈前段还分有小枝杈。而 PSiFA 中没有明显中心核，主干枝较长，分枝较少，单方向生长。PSiFA 中各个组分之间相互作用较 PSiC 减少。因此 PSiC 的吸附架桥性能高于 PSiFA，产生较大的絮体，分形维数高，而 PSiFA 以网捕作用为主，产生松散的絮体，在紊流剪切力作用下易破碎成小絮体，分形维数减小。

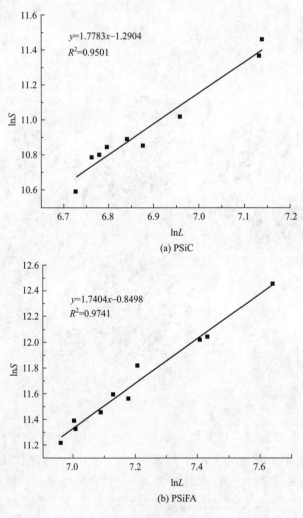

图 6-26　絮体分形维数拟合计算结果

# 6.7 本章小结

用 PSiC 处理采油废水、造纸废水和印染废水以及与 PSiFA 和传统无机混凝剂处理进行比较的结果表明：

① PSiC 处理采油废水时，产生絮体较多，沉降速度快，出水水质较好，能显著降低废水的含油量、COD、浊度、SS、颗粒粒径以及多种离子含量等。处理后废水的 pH 值变化不大。混凝处理出水经过颗粒活性炭过滤后，各项水质指标进一步降低，可以达到回注水的标准。PSiC 对造纸一沉池出水、二沉池出水和印染生化出水处理时最佳投加量分别为 200mg/L、80mg/L 和 80mg/L，此时除浊效果最好，絮体也较多并且沉降快。

② PSiC 对酸性废水处理效果较差，絮体形态较大但松散，且产生量较少。PSiC 在中性和碱性废水中表现出良好的混凝性能，pH 值为 7～9 时去除率较高，并且絮体大小适中，密实，沉降速度快，产生量较多。

③ PSiC 对废水中 $UV_{254}$ 的去除有明显效果，混凝剂投加量和废水 pH 值对 $UV_{254}$ 的去除率均有影响。PSiC 投加量为 80mg/L、废水 pH 值为 7～9 时对废水 $UV_{254}$ 的去除率较高。

④ Si/(Fe+Al) 比较小时，电中和能力较强，在混凝过程中使胶体迅速脱稳，碰撞聚集成密实絮体。当 Si/(Fe+Al) 比升高时，电中和能力减弱，主要以吸附架桥作用形成较大絮体。当 Si/(Fe+Al) 比进一步升高时，电中和能力继续下降，依靠网捕作用形成松散的絮体，在紊流剪切力作用下极易破裂成细小的絮体。另外，当 pH 值过小或过大时，PSiC 中各组分的聚合作用减弱，形成了尺寸较小的聚合单元，依靠吸附架桥作用产生分形维数较小的絮体。

⑤ PSiC 和 PSiFA 的混凝性能优于 PAC 和 $FeCl_3$ 等传统无机混凝剂。说明聚硅酸盐混凝剂的混凝性能优于传统的无机高分子混凝剂。而 PSiC 的混凝性能又优于 PSiFA，证实了不同的制备方法通过改变混凝剂的形态结构影响其混凝性能，"同时聚合法"优于传统的共聚法。

# 聚硅酸盐混凝剂(PSiC)混凝动力学

混凝沉降是污水处理的重要环节，工业中常采用沉淀池作为污水的混凝沉降设施，其目的是去除污水中的大量固体颗粒和悬浮物。沉淀池一般由进水区、出水区、沉淀区、储泥区及缓冲区组成，其中进水区和出水区是使沉淀池的污水维持在一个较稳定的量，储泥区中暂时储存污泥；缓冲区中污水流速较小，防止水流过快时携带已经沉淀的污泥流出沉淀池。

沉淀池按水流的方向一般分为平流式、竖流式及辐流式3种，其运行方式包括间歇式与连续式两类。辐流式沉淀池具有良好的排泥能力，可连续进行工作，具有出水水质高、用地面积少等优点，因此在现代污水处理厂有着广泛的应用。常见的辐流式沉淀池分为中进周出式和周进周出式两种。由于中进周出结构为传统的辐流式沉淀池结构，其建造和使用简单，在国内污水处理厂中得到了广泛应用，因此国内城镇中辐流式二沉池还是以中进周出结构为主。此类沉淀池底部向中心的泥斗倾斜，污水从中心进入，并通过沉淀池周边流出，污泥从底部污泥出口排出。

作为必不可少的污水处理主体工艺，沉淀池的固液分离效果会直接影响出水水质。因此，悬浮物去除效率是沉淀池设计中最为重要的参考指标。沉淀池的常规处理工艺是根据固、液体间的密度不同，通过重力作用使得污水中的固体颗粒和悬浮物沉降去除。其沉降过程十分复杂，沉降效率受SS浓度、污泥颗粒密度和尺寸、进水流速、流场以及挡板结构特征等多种因素的共同影响。

一般认为，沉淀池的固液分离效果主要取决于以下方面：a. 沉淀池的进水性质（主要包括进水中SS浓度、水温和流速等，也与沉淀池构造相关）；b. 污泥颗粒的沉降性能（受污泥颗粒的密度、尺寸和颗粒间相互作用影响）。

目前国内对沉淀池的设计主要是基于理想沉淀池的假设[152]：a. 水流流动沿水平方向进行，在进水断面上各点流速在流动过程中一直相同；b. 在沉淀过程中，悬浮颗粒之间互不影响，颗粒自由沉降，速度稳定不变；c. 悬浮物沉降到池底部就可以认为已经被去除。依据上述假设，可以进行静态沉降试验，确定悬浮物停留时间或截留沉降速度。因此，设计沉淀池时主要的参数是停留时间和表面负荷。但该方法有较大的局限性，对沉淀池进水口结构、泥斗倾斜角度、挡板淹没深度等参数没有确定的设计方法，在设计中只能依靠经验，不易使其结构达到最优化。

另外，沉淀池是基于理想假设的前提下建立的模型，与实际工程中运行情况有一定差别。以往是结合现场测试建立实验模型，通过改变实验条件和工况参数来校正和优化，结果较为准确可信，但实验费时费力，而且各种影响因素较多；同时，试验只得到了宏观的结果，无法直接观察沉淀池内部流场情况。因此，十分有必要研究沉淀池内部水流、悬浮物分布等情况，从而可以优化沉淀池的设计施工，提高混凝沉淀的效率。

随着计算机技术的不断进步，计算流体动力学（CFD）技术得到了长足发展，求解 CFD 模型各种数值的计算方法得到了充分发展。目前，具有代表性的 CFD 数值计算软件（包括 FLUENT、CFX 等）已被广泛应用于石油化工、能源动力及航空航天等众多的工业领域，并取得了极大的成功。

近年来，利用 CFD 模拟圆形辐流式沉淀池内的混凝的研究较多，Owen 等[153]认为泥水分离依赖于有效混合和高分子混凝剂在入口的稀释，研究采用欧拉-欧拉模型，用 CFD 模拟预测了沉淀池内固体分布、混凝剂加入口的速度和剪切速率。首次使用 CFD 研究混凝剂投加的方向和速度对后续混凝剂分布和吸附的影响。认为应尽量减小混凝剂流至投放口的剪切效应，否则会增加混凝剂的需求量并降低混凝效率。如果利用减小投放管道宽度来增加线性速度，长度应该尽量减少。

White 等[154]采用 $k$-$\varepsilon$ 湍流模型和差分雷诺应力湍流模型模拟了混凝剂投放口的流体流动，发现这两种湍流模型预测的速度场与实验结果吻合良好，对设计改进工业应用的混凝剂投放口有很大的指导意义。Farrow 等[155]用三维、两相流 CFD 模型研究混凝剂在投放口的流动形态，并且在模型里引入了混凝吸附方程来描述混凝剂-颗粒间相互作用，指导并改进现有的投放口，优化混凝剂投放位置。Ebrahimzadeh[156]用 CFD 模拟了半工业化的圆形辐流式沉淀池，PB 模型被用于描述粒子的聚集和解体，在 PB 模型中考虑了 15 种粒子的大小形态。欧拉-欧拉模型和标准 $k$-$\varepsilon$ 湍流模型用于描述稳态条件下浆流的两个阶段，将实验测量结果与仿真结果相比，验证了 CFD 的准确性。根据模拟数值结果，探讨了混凝剂投加速度、沉淀池中固体百分比和固体颗粒尺寸对沉降性能的影响。最后评价了混凝剂投放对聚集颗粒的平均直径和湍流强度的影响。

综上所述，通过数值模拟手段对水流在沉淀池内的流场分布进行准确预测是可行的。因此，本章拟使用商用CFD软件FLUENT进行液固两相流动数值模拟，主要是采用Mixture多相流模型配合PB模型模拟PSiC在圆形辐流式沉淀池中混凝过程，深入分析投加混凝剂后沉淀池内部的固体悬浮颗粒的浓度分布和流场特性，从而得到沉淀池的有效利用容积和去除悬浮物的效果。预期研究成果能够为混凝行为分析和沉淀池优化设计提供参考和理论依据。

# 7.1  物理模型

图 7-1 给出了某辐流式二次沉淀池的结构示意。该沉淀池采用中进周出结构，污水从沉淀池中央进入，经沉淀进行固液分离后从四周溢流堰流出。

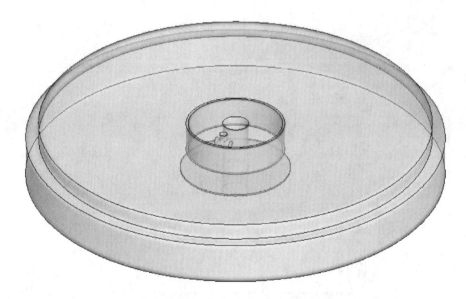

图 7-1  某辐流式二次沉淀池结构示意

沉淀池直径 26m，中心深 4.6m，周边深 3.5m，泥斗设在池中央，池底向中心倾斜，污泥从池底排出。池中加装一块垂直挡板，用于把水流引向池底，采用一块水平挡板，用于防止进水和污泥回流之间的短流，同时在污水入口附近加入混凝剂以提高其污泥沉降效率。

辐流式二次沉淀池的几何尺寸见图 7-2。混凝剂在距离沉淀池中心 1.5m 的位置从水下 0.6m 处分两个入口进入，混凝剂入口管段的几何尺寸见图 7-3。

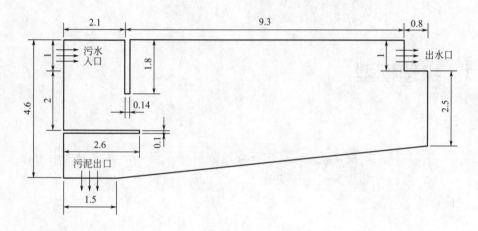

图 7-2　辐流式二次沉淀池的几何尺寸（单位：m）

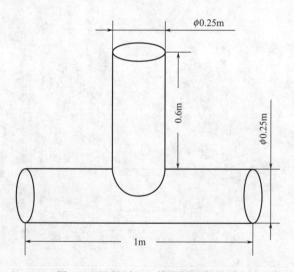

图 7-3　混凝剂入口管段的几何尺寸

## 7.2 网格划分

采用四面体网格对沉淀池的流场计算区域进行划分，并对沉淀池中心区域采用了加密网格，沉淀池网格如图 7-4 所示。

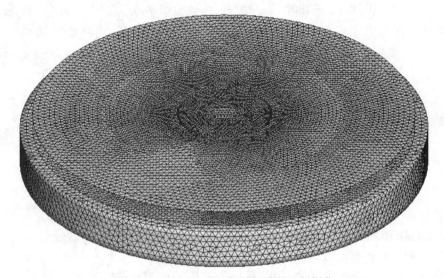

图 7-4　辐流式沉淀池计算区域的网格划分

该计算区域共划分有 74941 个网格节点，198124 个外部界面，745729 个内部界面，386563 个四面体网格单元。

## 7.3 数学模型

### 7.3.1 模型假设

由于沉淀池底部隔较长时间才进行一次排泥，所以对流场分布的影响较小。本章在对辐流式沉淀池进行数值模拟时，忽略了辐流式沉淀池底部进行排泥时对沉淀池内部流场和浓度场的影响，并做出以下假设：a. 沉淀池内没有生化反应；b. 沉淀池内部流动属于稳态；c. 通过静水压力排泥；d. 忽略沉淀池与外界环境之间的换热；e. 悬浮物的重力沉速与其浓度不相关；f. 视颗粒相为连续介质。

## 7.3.2  多相流模型

目前，两相或多相流存在两种不同的研究方法[157,158]：一种是Lagrangian 方法，即将流体和分散相颗粒分别作为连续介质和离散体系，从而分析在各种力作用下的颗粒动力学和轨道进程等，所以又称颗粒轨道模型；另一种是 Eulerian 方法，是在将流体作为连续介质的同时，将分散相颗粒也看作拟流体，假设其有连续的速度分布、传递性质，可以与流体相互渗透，所以又称双流体或颗粒相拟流体模型。

双流体模型是目前应用最广泛的多相流模型，但它十分复杂，在工程应用中还有很多问题[159]。所以对此模型进行简化，假定在短空间尺度上局部平衡，得到较为简单的 Mixture 模型，可以求解混合相的能量、动量和连续性方程以及第二相的体积分率、滑移和漂移速度。目前Mixture 模型计算简便，结果可信，应用较广[160]。

混合物模型可用于模拟有强烈耦合的各向同性多相流和各相具有相同或不同速度的多相流。沉淀池内污水的流动和固体悬浮物沉降过程属于典型的液固两相流，其主要去除对象是密度稍大于水且颗粒粒径较小的固体悬浮物。由于悬浮物颗粒在流场中对水的跟随性很好，不会大幅度地干扰流场。因此本章采用 Mixture 模型对辐流式沉淀池流场进行数值求解。

Mixture 模型的连续性方程为：

$$\frac{\partial}{\partial t}(\rho_k) + \nabla(\rho_m v_m) = \dot{m} \tag{7-1}$$

$$v_m = \frac{\sum_{k=1}^{n} \alpha_k \rho_k v_k}{\rho_m} \tag{7-2}$$

$$\rho_m = \sum_{k=1}^{n} \alpha_k \rho_k \tag{7-3}$$

式中　$\rho_k$——$k$ 相密度，$kg/m^3$；

$\rho_m$——混合相密度，kg/m³；

$v_m$——混合相质量平均速度，m/s；

$\dot{m}$——用户定义的质量源相的质量传递，kg/(m³·s)；

$v_k$——$k$ 相质量平均速度，m/s；

$\alpha_k$——$k$ 相体积分数。

Mixture 模型中，将每相的动量方程求和得到：

$$\frac{\partial}{\partial t}(\rho_m v_m) + \nabla(\rho_m v_m v_m)$$

$$= -\nabla p + \nabla[\mu_m(\nabla v_m + v_m^T)] + \rho_m g + F + \nabla\left(\sum_{k=1}^{n}\alpha_k \rho_k v_{dr,r} v_{dr,k}\right)$$

$$(7-4)$$

式中　$\mu_m$——混合黏度，Pa·s；

$g$——重力加速度，m/s²；

$F$——体积力，N/s³；

$n$——相数。

混合黏度的计算公式为：

$$\mu_m = \sum_{k=1}^{n}\alpha_k \mu_k \tag{7-5}$$

$$v_{dr,k} = v_k + v_m \tag{7-6}$$

式中　$v_{dr,k}$——第 $k$ 相的漂移速度，m/s。

滑移速度可以看作是第 $p$ 相的速度相对于主相 $q$ 的速度：

$$v_{qp} = v_p - v_q \tag{7-7}$$

漂移和滑移速度之间有如下关系：

$$v_{dr,p} = v_{qp} - \sum_{k=1}^{n}\frac{\alpha_k \rho_k}{\rho_m}v_{qk} \tag{7-8}$$

第 $p$ 相的体积分数方程为：

$$\frac{\partial}{\partial t}(\alpha_p \rho_p) + \nabla(\alpha_p \rho_p v_m) = -\nabla(\alpha_p \rho_p v_{dr,p}) \tag{7-9}$$

近年来，PB 模型被广泛用于模拟动态粒子和液滴的尺寸分布，例如凝聚和混凝过程等。本章采用 Mixture 多相流模型配合 PB 模型模拟沉淀池内部固体悬浮物在流动过程中的混凝沉降过程。计算过程中，颗粒相被假设为具有宏观物理量的连续介质，与液相相互耦合，并满足能量、质量和动量守恒等物理定律。同时，忽略固体悬浮物颗粒间的碰撞，认为颗粒相物质不发生相变，也不考虑颗粒旋转产生的升力。

### 7.3.3  湍流模型

湍流是一种不规则流动现象，常见于自然界和工程技术领域中，其流动特征（包括温度、压力、速度等物理参数）会随空间和时间变化而随机发生变化。Reynolds 于 18 世纪发现了湍流流动现象，此后传热学和流体力学领域中对湍流结构、机理和流动传热基本规律的研究逐步深入。但由于湍流本身的复杂性，人们对湍流的认识至今依然处于探索阶段，仍有一些基本问题尚未解决。

目前传热学和流体力学领域中，最复杂的研究是湍流流动与换热的数值计算。已有的湍流数值模拟方法主要包括直接数值模拟、大涡数值模拟和雷诺平均模拟[161]。

工程湍流计算的基本思路是把未知的更高阶的时间平均值表示成较低阶的计算中可以确定的量的函数。其中雷诺平均模拟是采用湍流模型进行湍流数值模拟，在工程中的应用最为广泛，其原理是将湍流中的流速等物理量分成扰动和平均量，并对控制方程作时间平均。该方法应用湍流统计理论，将非稳态的控制方程作时间平均，此时获得的时均物理量的控制方程中会包含脉动量乘积等未知量，从而得到小于未知量个数的方程数量。在雷诺平均模拟的发展过程中，根据各种思想和理论，不同学者提出了大量的湍流模型。目前应用较为广泛的主要包括 $k$-$\varepsilon$ 模型、雷诺应力模型和代数应力模型[162]。

雷诺应力模型建立雷诺应力输运方程，将 $u'_i$、$u'_j$ 作为因变量，并通过模化封闭、代数应力模型将各向异性融入模型中，不考虑雷诺应力扩散项以及雷诺应力沿平均轨迹的变化，使得雷诺应力偏微分方程组转化成代数方程组，方程封闭。标准 $k$-$\varepsilon$ 模型是在各向同性和广义 Boussinesq 假设的前提下，以速度对位移的协变导数项代替雷诺应力项，从而使方程得以封闭。

雷诺应力模型可用于计算各向异性的复杂三维湍流流场，但由于所求解的偏微分方程过多，其计算过程十分复杂。因此，对于数值计算过程，$k$-$\varepsilon$ 模型显然比雷诺应力模型简单得多。代数应力模型也比雷诺应力模型简单，并且保留了湍流各向异性的基本特点，从而在一定程度上综合了 $k$-$\varepsilon$ 模型的经济性和雷诺应力模型的通用性。

代数应力模型和 $k$-$\varepsilon$ 模型适用于自由剪切流和壁面剪切流等无分离

流动。代数应力模型能够考虑体积力效应（旋转、流线弯曲和浮力等），适用性强，是目前应用最为广泛的湍流模型。代数应力模型比 $k$-$\varepsilon$ 模型的模拟结果更精确，但 $k$-$\varepsilon$ 模型的计算量更少，并且已经可以满足工程需要，因此具有较大的工程应用价值。

辐流式沉淀池内部的污水混凝沉降属于典型的液固两相湍流流动过程，本章采用标准 $k$-$\varepsilon$ 模型对其湍流流场进行数值求解。

## 7.3.4　边界条件及求解方法

本章采用商用软件 ANSYS 13.0 的 CFD 计算模块 FLUENT 对沉淀池内部流场进行数值计算。沉淀池计算区域的边界条件设置如下。

（1）进出口边界

污水入口设为速度边界条件，污水和悬浮的活性污泥颗粒流速均为 0.02m/s，密度为 $1.00035\times10^3\,\mathrm{kg/m^3}$，黏度为 $1.005\times10^{-3}\,\mathrm{Pa\cdot s}$；固相污泥颗粒流速为 0.02m/s，密度为 $1.051\times10^3\,\mathrm{kg/m^3}$，体积分数为 0.034，颗粒温度拟设为 $0.0001\mathrm{m^2/s^2}$。作为载体的污水可以通过推流和涡漩影响固体污泥颗粒的运动，因此模拟计算中可以将固体污泥颗粒看作拟流体，其黏度设为 $2.001\times10^{-3}\,\mathrm{Pa\cdot s}$。沉淀池中添加的 PSiC 密度为 $1.19\times10^3\,\mathrm{kg/m^3}$，黏度为 $2\times10^{-3}\,\mathrm{Pa\cdot s}$，投放浓度质量分数为 0.48%。混凝剂入口设为质量流量边界条件，其入口质量流量为 0.4m/s。沉淀池底部污泥出口和溢流堰出水口的出口边界条件均设为自由出流，流量比重分别设为 0.05 和 0.95；PB 模型选择离散型，聚并产生、消亡相设为 $0.014\mathrm{m^3/s}$，颗粒粒径最小为 0.01mm。

（2）自由表面

沉淀池内的水面为自由表面，采用刚盖假定，同时忽略气流的剪切力和水面与空气的换热，认为自由表面上垂向流速和其他所有变量的法向梯度均为零，即此边界是关于流体对称的没有剪切和滑移速度的自由界面。

（3）固体壁面

沉淀池外侧壁面、底部及挡板等处均为固体壁面，壁面上速度为零，满足无滑移条件，近壁面区域采用标准壁面函数方法进行处理。

本章采用有限体积法对微分方程进行离散，压力与速度耦合方程采用 SIMPLE 算法求解，动量、紊动能、紊流耗散均采用二阶迎风格式。

迭代计算以残差小于 $10^{-4}$ 作为收敛标准。

# 7.4　计算结果及分析

## 7.4.1　压力场

图 7-5 给出了辐流式沉淀池内部的压力分布。从图中的计算结果可以看出，沉淀池内部压力变化较小，但压力分布比较特殊，这是由于沉淀池内部流场的特殊性造成的（沉淀池内部挡板等结构导致流场局部形成较多的回流区）。

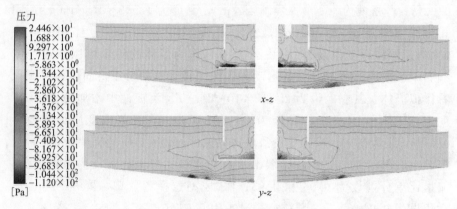

图 7-5　辐流式沉淀池内部压力分布

## 7.4.2　密度场

图 7-6 给出了辐流式沉淀池内部的密度分布。从图中的计算结果可以看出，在沉淀池入口部分、挡板上部和沉淀池底部密度较大且变化明显。

这是由于在沉淀池入口处，污水中含有较多的污泥颗粒和固体悬浮物，这些污泥颗粒和固体悬浮物在沉淀池内部发生了混凝沉淀，形成的固相污泥依附在挡板上部和沉淀池底部，因此形成了污泥的固相沉积。

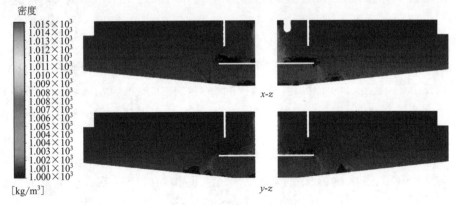

图 7-6　辐流式沉淀池内部密度分布

图 7-6 表明了添加 PSiC 后的混凝沉降过程和经过沉淀池的重力沉降过程，污水中的污泥颗粒主要分布在沉淀池入口部分、挡板上部和沉淀池底部，在其他位置污水的固体颗粒含量显著减小，说明 PSiC 具有良好的混凝性能，产生的絮体密实沉降速度快，这与第 6 章中 PSiC 以最优投加量对多种废水处理时观察到的絮体形态的沉降结果相一致。另外也表明该辐流式沉淀池具有良好的液固分离效果，能够有效地分离污水中的污泥。

### 7.4.3　速度场

图 7-7 给出了辐流式沉淀池内部流线图。从图 7-7 中可以看出，沉

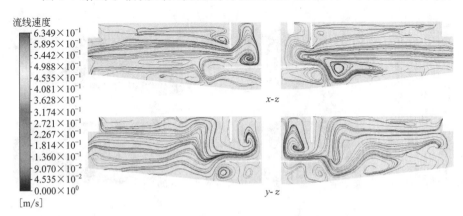

图 7-7　辐流式沉淀池内部流线图

淀池内部存在很大的回流区域。根据流线图可以看出，污水从中心管进入沉淀池，碰到垂直挡板后流向发生改变，贴着中心管壁向下流动。污水接触水平挡板之后流向再次发生改变，一部分向沉淀池上部流动，直接流向溢流口；另一部分流向沉淀池底部，最后碰到沉淀池底板，再次改变方向，经溢流口流出。受挡板的影响，在沉淀池流动区域形成了多个大小不一的回流区，例如在垂直挡板外侧、水平挡板下侧等区域都出现了回流区。

从混凝的角度考虑，这一方面使得混凝剂能够和污水混合得更加均匀，PSiC经过水解、与胶体颗粒作用脱稳和凝聚等一系列反应形成初级絮体；另一方面，这些漩涡的存在可以让污水与初级絮体在沉淀池滞留更久的时间，在这段时间使得初级絮体继续增长形成更大更密实的絮体，从而沉降至池底，也称为混凝阶段。在实际过程中，凝聚和混凝这两个阶段几乎同时发生。

图7-8和图7-9分别给出了辐流式沉淀池内部速度分布和速度矢量图。图中的速度分布表明沉淀池内部水平挡板上部和外侧局部区域的流速较大，是由于污水在该区域流通面积较小，这便于污水与PSiC快速混合，与在实验室中使用六联搅拌仪进行混凝处理过程中的快速搅拌阶段作用一致。从图7-8中的等速线分布也可以发现，在垂直挡板内侧、水平挡板上部和中心管外侧区域存在较大的速度梯度。在垂直挡板外侧，受流通面积增大的影响，污水的流速趋缓；同时由于未设置扰流装置，因此其速度值变化不大，这有利于絮体的沉降。

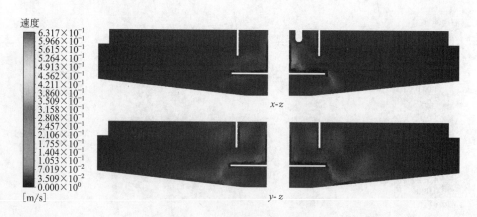

图 7-8　辐流式沉淀池内部速度分布

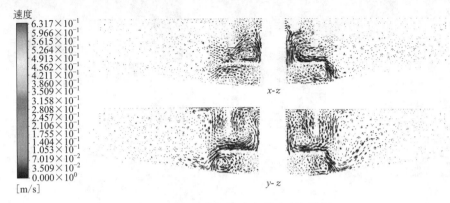

速度
6.317×10⁻¹
5.966×10⁻¹
5.615×10⁻¹
5.264×10⁻¹
4.913×10⁻¹
4.562×10⁻¹
4.211×10⁻¹
3.860×10⁻¹
3.509×10⁻¹
3.158×10⁻¹
2.808×10⁻¹
2.457×10⁻¹
2.106×10⁻¹
1.755×10⁻¹
1.404×10⁻¹
1.053×10⁻¹
7.019×10⁻²
3.509×10⁻²
0.000×10⁰
[m/s]

x-z

y-z

图 7-9　辐流式沉淀池内部速度矢量图

图 7-10～图 7-12 分别给出了辐流式沉淀池内部轴向（$z$ 轴方向）、周向（圆周方向）、和径向（半径方向）的速度分布图。从图 7-10 中可以发现受挡板的影响，沉淀池中心区域的轴向速度梯度较大；而在远离挡板的区域速度几乎保持不变，其梯度为零。同样，图 7-11 和图 7-12 中的周向速度分布也表明沉淀池中心区域和沉淀池底部的周向速度和速度梯度较大。

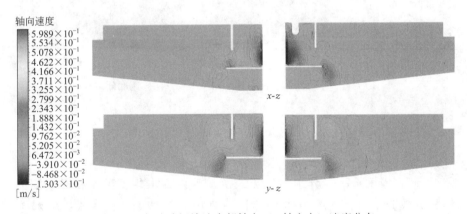

轴向速度
5.989×10⁻¹
5.534×10⁻¹
5.078×10⁻¹
4.622×10⁻¹
4.166×10⁻¹
3.711×10⁻¹
3.255×10⁻¹
2.799×10⁻¹
2.343×10⁻¹
1.888×10⁻¹
1.432×10⁻¹
9.762×10⁻²
5.205×10⁻²
6.472×10⁻³
-3.910×10⁻²
-8.468×10⁻²
-1.303×10⁻¹
[m/s]

x-z

y-z

图 7-10　辐流式沉淀池内部轴向（$z$ 轴方向）速度分布

对图 7-10～图 7-12 比较分析可以看出，沉淀池内部流动区域的周向速度较大，径向速度次之，轴向速度最小。沉淀池内部轴向（$z$ 轴方向）、周向（圆周方向）和径向（半径方向）速度分布与沉淀池内部速度场分布相一致，污水的这种流动形式有利于与 PSiC 快速混合，发生凝聚和混凝。

周向速度
$1.152 \times 10^{-1}$
$9.482 \times 10^{-2}$
$7.447 \times 10^{-2}$
$5.411 \times 10^{-2}$
$3.375 \times 10^{-2}$
$1.340 \times 10^{-2}$
$-6.958 \times 10^{-3}$
$-2.731 \times 10^{-2}$
$-4.767 \times 10^{-2}$
$-6.803 \times 10^{-2}$
$-8.838 \times 10^{-2}$
$-1.087 \times 10^{-1}$
$-1.291 \times 10^{-1}$
$-1.495 \times 10^{-1}$
$-1.698 \times 10^{-1}$
$-1.902 \times 10^{-1}$
$-2.105 \times 10^{-1}$
[m/s]

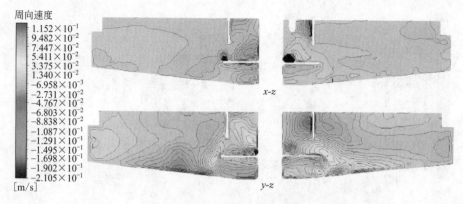

图 7-11　辐流式沉淀池内部周向（圆周方向）速度分布

径向速度
$1.064 \times 10^{-1}$
$9.581 \times 10^{-2}$
$8.521 \times 10^{-2}$
$7.462 \times 10^{-2}$
$6.402 \times 10^{-2}$
$5.343 \times 10^{-2}$
$4.283 \times 10^{-2}$
$3.223 \times 10^{-2}$
$2.164 \times 10^{-2}$
$1.104 \times 10^{-2}$
$4.455 \times 10^{-4}$
$-1.015 \times 10^{-2}$
$-2.075 \times 10^{-2}$
$-3.134 \times 10^{-2}$
$-4.194 \times 10^{-2}$
$-5.254 \times 10^{-2}$
$-6.313 \times 10^{-2}$
[m/s]

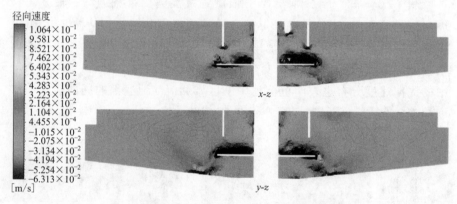

图 7-12　辐流式沉淀池内部径向（半径方向）速度分布

## 7.4.4　浓度场

图 7-13～图 7-15 分别为辐流式沉淀池内部水相、污泥和混凝剂的体积分数分布图。从图 7-13 中可以发现中心管外侧壁面、水平挡板上壁面和沉淀池底板附近水相的体积分数较小。相反，图 7-13 中中心管外侧壁面、水平挡板上壁面和沉淀池底板附近污泥的体积分数则很大，这与图 7-14 一致。两者的体积分数在这些区域变化十分剧烈，说明混凝过程主要发生在这个区域，中心管外侧壁面附近污水与 PSiC 快速混合发生混凝作用，产生较多的污泥颗粒絮体，而在水平挡板和沉淀池底板上侧，出现了固相污泥的沉积趋势。

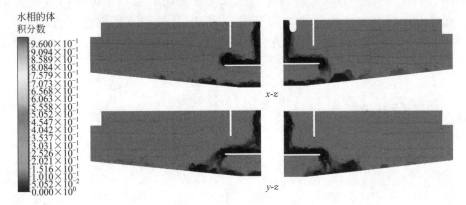

图 7-13　辐流式沉淀池内部水相的体积分数分布

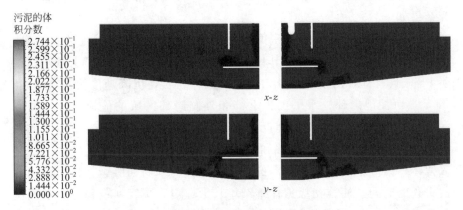

图 7-14　辐流式沉淀池污泥的体积分数分布

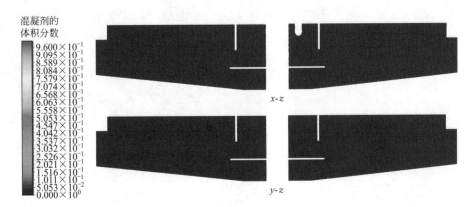

图 7-15　辐流式沉淀池混凝剂的体积分数分布

如图 7-15 所示，混凝剂在整个沉淀池流场的分布十分均匀，变化很小。混凝剂的体积分数均匀分布表明 PSiC 与污水的混合非常均匀，十分有利于混凝沉降过程的进行，所以 PSiC 有良好的混凝效果。

# 7.5　本章小结

本章采用计算流体动力学软件 FLUENT 对 PSiC 在圆形辐流式沉淀池中的多相流动及混凝过程进行了数值模拟，深入分析投加混凝剂后沉淀池内部的流场分布特性以及悬浮物和固体颗粒的质量浓度分布。研究结果如下。

① 添加 PSiC 后，污水中的污泥颗粒主要分布在沉淀池入口部分、挡板上部和沉淀池底部，在其他位置污水的固体颗粒含量显著减小，说明 PSiC 具有良好的混凝性能，产生的絮体密实，沉降速度快。

② 沉淀池内部、水平挡板上部和外侧局部区域的流速较大，便于污水与 PSiC 快速混合，而在沉淀池流动区域形成了多个大小不一的回流区，一方面使得 PSiC 能够和污水混合得更加均匀，发生凝聚形成初级絮体；另一方面，这些漩涡的存在可以让污水与初级絮体在沉淀池滞留更久的时间，使得初级絮体继续增长形成更大更密实的絮体，从而沉降至池底。

③ 中心管外侧壁面、水平挡板上壁面和沉淀池底板附近水相体积分数很小，而污泥的体积分数则很大，说明混凝过程主要发生在这个区域。混凝剂在整个沉淀池流场的分布十分均匀，表明 PSiC 与污水的混合非常均匀，所以有良好的混凝效果。

# 8

## 结论与展望

# 8.1 本书主要结论

本书首次提出了一种简单工艺"同时聚合法"，用工业废弃物制备了 PSiC；研究了 PSiC 的形态结构、形貌特征、混凝性能以及絮体分形情况，并与传统共聚法制备的 PSiFA 进行比较，分析了 PSiC 的混凝机理；利用 FLUENT 软件模拟 PSiC 的混凝过程，分析颗粒分布、速度场和密度场分布等情况，进一步探讨了 PSiC 的混凝机理。本研究为高效低成本混凝剂的开发推广、无机高分子混凝剂的混凝机理和优势混凝形态研究提供了理论基础，主要结论如下。

① 以粉煤灰、硫酸烧渣等工业废弃物为主要原料，提出"同时聚合法"，经过碱和废酸浸取，然后由浸取液直接聚合制备 PSiC，实现硅酸聚合、金属盐羟基化聚合以及硅与金属离子聚合同步进行。采用单因素实验考察温度、时间、碱或酸浓度和液固质量比对工业废弃物浸取效果的影响，确定合适的浸取条件；通过 5 因素 5 水平的正交试验，考察 Si 浓度、聚合 pH 值、Si/(Fe＋Al) 摩尔比、Fe/Al 摩尔比和聚合时间等对 PSiC 性能的影响，确定最佳的制备条件。对正交试验结果进行计算和方差分析，发现 Si/(Al＋Fe) 摩尔比和聚合 pH 值对 PSiC 混凝效果和稳定性影响较大。

② 采用 XRD、IR、UV/VIS 扫描以及显微成像等多种方法表征 PSiC 的形态结构，发现 Fe(Ⅲ)、Al(Ⅲ)、Si(Ⅳ)、少量其他金属离子及水解中间产物等多个组分均参加了聚合反应，形成了共聚物。Si/(Fe＋Al) 摩尔比和 pH 值分别为 0.8 和 1.5 时，PSiC 聚合效果最优。随着 Si/(Fe＋Al) 摩尔比增大，PSiC 中—OH、Fe—O—Fe、Al—O—Al、Si—O—Fe 和 Si—O—Al 逐渐减少，Fe(Ⅲ) 与 Al(Ⅲ) 羟合物之间交叉共聚，与硅酸的聚合作用减弱。Si/(Fe＋Al) 摩尔比小时，PSiC 中以 Si—O—Fe—O—Fe—O—Si 和 Si—O—Al—O—Al—O—Si 键络合的中、高聚物为主。而当 Si/(Fe＋Al) 摩尔比大时，聚合物中以 Si—O—Fe—O—Si—O—Si 和 Si—O—Al—O—Si—O—Si 键为主。pH 值低时，Si—O—Fe—O—Fe—O—Si 和 Si—O—Al—O—Al—O—Si 键易于在

Fe—O—Fe 和 Al—O—Al 处断裂，pH 值为 1.8 时络合键的稳定性较好，当 pH 值进一步增大，Si 聚合程度减小，生成的易于 $Fe^{3+}$、$Al^{3+}$ 水解的低聚合物增多。PSiC 的形貌是不规则枝杈状、网状结构。PSiC 各组分间的相互作用随着 Si/(Fe+Al) 摩尔比增大而减少，硅酸胶粒聚集成链状及网状含水聚集体，枝杈结构变细。pH 值过大或过小时，PSiC 中各组分聚合减弱，枝杈状结构变小变少且向单方向生长，混凝架桥性能减弱。

③ 随着 Si/(Fe+Al) 比增大，PSiFA 中聚合物种类、聚合物中羟基、缔合水、离子聚合作用、$Fe^{3+}$ 和 $Al^{3+}$ 特征吸收光值先增多后减少，Si/(Fe+Al) 摩尔比为 0.8 时，聚合效果最优。对 PSiC 与 PSiFA 进行比较发现二者都是由羟基连接的网状聚合物，PSiC 中羟基、缔合水以及反映混凝性能的 Al—O—Si 和 Fe—O—Si 较 PSiFA 中的多；另外，PSiC 中的 Fe(Ⅲ) 与 Al(Ⅲ) 羟合物之间有交叉共聚作用，而 PSiFA 中没有。PSiC 中以 Si—O—Fe—O—Fe—O—Si 和 Si—O—Al—Al—O—Si 键络合的中、高聚物多，而在 PSiFA 中聚合物的 Si—O—Fe—O—Si—O—Si 和 Si—O—Al—O—Si—O—Si 键较多，参与络合的 $Fe^{3+}$ 和 $Al^{3+}$ 较少。对比 PSiC 和 PSiFA 形貌，发现 PSiC 的中心核分形均匀，由中心向四周发散若干枝杈，各枝杈均较长，末端聚集粗大密实，某些枝杈前段还分有小枝杈。而 PSiFA 中没有明显中心核，枝杈较少且单方向生长。说明同时聚合法比共聚法更利于 Fe(Ⅲ)、Al(Ⅲ)、$SO_4^{2-}$、Si(Ⅳ)、少量其他金属离子及水解中间产物聚合。

④ 用 PSiC 处理多种工业废水并与传统无机混凝剂进行比较。发现 PSiC 处理采油废水时能显著降低废水的含油量、COD、浊度、SS、颗粒粒径以及多种离子含量等。PSiC 对造纸一沉池出水、二沉池出水和印染生化出水处理时最佳投放量分别为 200mg/L、80mg/L 和 80mg/L，此时除浊效果最好，絮体较多并且沉降速度快。PSiC 对酸性废水处理效果较差，絮体形态较大但松散，且产生量较少，而在中性和碱性废水中表现出良好的混凝性能，废水 pH 值为 7～9 时，污染物去除率较高，并且絮体密实、产生量较多、沉降速度快。PSiC 对废水中 $UV_{254}$ 的去除有明显效果，投加量和废水 pH 值对 $UV_{254}$ 的去除率均有影响。

投加量为 80mg/L、废水 pH 值为 7～9 时，PSiC 对废水 $UV_{254}$ 的去除率较高。Si/(Fe+Al) 摩尔比小时，PSiC 电中和能力较强，在混凝过程中使胶体迅速脱稳，碰撞聚集成密实絮体。当 Si/(Fe+Al) 比升高时，PSiC 电中和能力减弱，主要依靠吸附架桥作用形成分形维数较大絮体。当 Si/(Fe+Al) 摩尔比进一步升高时，电中和能力继续下降，依靠网捕作用形成松散的絮体，在紊流剪切力作用下极易破裂成细小的絮体。另外，当 pH 值过小或过大时，PSiC 中各组分的聚合作用减弱，形成了尺寸较小的聚合单元，吸附架桥作用减弱，产生分形维数较小的絮体。PSiC 的混凝性能优于 PAC 和 $FeCl_3$ 等传统无机混凝剂。

⑤ 采用计算流体动力学软件 FLUENT 对 PSiC 在圆形辐流式沉淀池中的多相流动及混凝过程进行了数值模拟，在计算过程中采用 PB 模型描述絮体聚并、破碎过程。数值计算结果表明 PSiC 具有良好的混凝性能，产生的絮体密实，沉降速度快，污水中的污泥颗粒主要分布在沉淀池入口部分、挡板上部和沉淀池底部。沉淀池内部水平挡板上部和外侧局部区域的流速较大，便于污水与 PSiC 快速混合。在沉淀池流动区域形成了多个大小不一的回流区，一方面使得 PSiC 能够和污水混合得更加均匀，发生凝聚形成初级絮体；另一方面，这些漩涡的存在可以让污水与初级絮体在沉淀池滞留更久的时间，使得初级絮体继续增长形成更大更密实的絮体，从而沉降至池底。中心管外侧壁面、水平挡板上壁面和沉淀池底板附近水相体积分数很小而污泥的体积分数则很大，说明混凝过程主要发生在这个区域。混凝剂在整个沉淀池流场的分布十分均匀，表明 PSiC 与污水混合非常均匀，所以有良好的混凝效果。

# 8.2　研究展望

本书对 PSiC 的制备、形态结构、性能特征和混凝过程模拟进行了研究。初步探讨了其混凝机理。由于混凝剂中各组分反应和混凝过程的复杂性，在以下方面尚需进一步深入研究。

① 对 PSiC 中 Si、金属阳离子及水解中间产物等多个组分之间的反应机制和水解规律等进一步分析论证。液体产品不利于运输和储存，因此有必要对 PSiC 产品固化推广进行研究。

② 继续探索完善混凝过程的数值模拟，如考虑混凝剂的水解过程等，为高精度的工业处理模拟提供理论基础。

③ 对 PSiC 进行改性和复合方面的研究，制备出混凝和稳定性能更加优异的聚硅酸金属盐混凝剂。

# 参 考 文 献

[1] Sushil S，Batra VS. Analysis of fly ash heavy metal content and disposal in three thermal power plants in India [J]. Fuel，2006，85（17）：2676-2679.

[2] 罗道成，易平贵，刘俊峰. 硫铁矿烧渣综合利用研究进展 [J]. 工业安全与环保，2003，29（4）：10-12.

[3] Fan M，Brown RC，Wheelock TD，et al. Production of a complex coagulant from fly ash [J]. Chemical Engineering Journal，2005，106（3）：269-277.

[4] 王蕾，马鸿文，聂轶苗，等. 利用粉煤灰制备高比表面积二氧化硅的实验研究 [J]. 硅酸盐通报，2006，25（2）：3-7.

[5] 纪罗军，黄新. 我国废硫酸的资源化利用与循环经济 [J]. 硫酸工业，2008，（5）：11-17.

[6] Bottero J. Polymerized iron chlorine：an improved inorganic coagulant [J]. Journal of the American Water Works Association，1984，76（10）：93-97.

[7] 李风亭. 我国混凝剂聚合硫酸铁的技术发展现状 [J]. 工业水处理，2002，22（1）：5-8.

[8] 常青，汤鸿霄. 不同浓度 $FeCl_3$ 溶液的混凝效能和作用机理 [J]. 工业水处理，1984，（6）：12-18.

[9] 常青，汤鸿霄. 聚合铁的形态特征和凝聚-混凝机理 [J]. 环境科学学报，1985，5（2）：185-194.

[10] 田宝珍，汤鸿霄. 锰砂催化氧化 $Fe(II)$ 为 $Fe(III)$ 的研究 [J]. 环境科学，1995，16（5）：10-13.

[11] 于洪海，王黎，范文玉，等. 水解淀粉接枝改性阳离子化混凝剂的制备及其应用 [J]. 安全与环境工程，2012，19（6）：73-77.

[12] 武世新，杨红丽. 淀粉-丙烯酰胺反相乳液聚合 [J]. 应用化工，2012，41（9）：1582-1584.

[13] 李艳平，沈欣军，董四清，等. 自制交联阳离子淀粉混凝剂处理含油废水 [J]. 工业水处理，2011，31（9）：64-66.

[14] Bratskaya S，Schwarz S，Chervonetsky D. Comparative study of humic acids flocculation with chitosan hydrochloride and chitosan glutamate [J]. Water research，2004，38（12）：2955-2961.

[15] Ahmad A，Sumathi S，Hameed B. Coagulation of residue oil and suspended solid in palm oil mill effluent by chitosan，alum and PAC [J]. Chemical Engineering Journal，2006，118（1）：99-105.

[16] No HK，Meyers SP. Application of chitosan for treatment of wastewaters. Reviews of Environmental Contamination and Toxicology. Springer，2000：1-27.

[17] Rizzo L，Lofrano G，Grassi M，et al. Pre-treatment of olive mill wastewater by chitosan coagulation and advanced oxidation processes [J]. Separation and Purification Technology，2008，63（3）：648-653.

[18] Guibal E，Roussy J. Coagulation and flocculation of dye-containing solutions using a biopolymer（Chitosan）[J]. Reactive and functional polymers，2007，67（1）：33-42.

[19] 秦丽娟，陈夫山. 有机高分子混凝剂的研究进展及发展趋势 [J]. 上海造纸，2004，35

(1)：41-43.

[20] 杨爱丽, 张灏, 杨鹏, 等. 聚丙烯酰胺混凝处理低放含钚废水技术 [J]. 核化学与放射化学, 2011, 33 (3)：179-183.

[21] 薛媛, 李世强. 有机高分子混凝剂处理炼油废水的初步研究 [J]. 应用化工, 2010, 39 (7)：1069-1073.

[22] 卫扬保. 微生物生理学 [M]. 北京：高等教育出版社, 1989.

[23] Kurane R, Tomizuka N. Towards New-biomaterial Produced by Microorganism：Bioflocculants and Bioabsorbent [J]. Nippon Kagaku Kaishi, 1992, (5)：453-463.

[24] Salehizadeh H, Vossoughi M, Alemzadeh I. Some investigations on bioflocculant producing bacteria [J]. Biochemical engineering journal, 2000, 5 (1)：39-44.

[25] Kurane R. Screen for and Characteristics of Micrebial Flocculant [J]. Agric Biol Chem, 1986, 50 (9)：2313.

[26] Smith RW, Miettinen M. Microorganisms in flotation and flocculation：Future technology or laboratory curiosity [J]. Minerals Engineering, 2006, 19 (6)：548-553.

[27] Hasegawa T, Hashimoto K, Onitsuka T, et al. Characteristics of metal-polysilicate coagulants [J]. Water Science & Technology, 1991, 23 (7-9)：1713-1722.

[28] 高宝玉, 宋永会, 岳钦艳. 聚硅酸硫酸铁混凝剂的性能研究 [J]. 环境科学, 1997, 18 (2)：46-48.

[29] Gao BY, Yue Q, Wang B. The chemical species distribution and transformation of polyaluminum silicate chloride coagulant [J]. Chemosphere, 2002, 46 (6)：809-813.

[30] Gao BY, Hahn H, Hoffmann E. Evaluation of aluminum-silicate polymer composite as a coagulant for water treatment [J]. Water research, 2002, 36 (14)：3573-3581.

[31] Gao BY, Yue QY, Wang Y. Coagulation performance of polyaluminum silicate chloride (PASiC) for water and wastewater treatment [J]. Separation and Purification Technology, 2007, 56 (2)：225-230.

[32] 栾兆坤, 宋永会. 聚硅酸金属盐混凝剂的制备和混凝性能 [J]. 环境化学, 1997, 16 (6)：535-540.

[33] 刘和清, 汪凤珍, 袁天佑, 等. 聚硅酸锌混凝剂的电镜特征和混凝效果 [J]. 环境化学, 2001, 20 (2)：179-184.

[34] 张爱丽, 王殿宇, 周集体, 等. 粉煤灰制备聚硅酸复合聚合硫酸铁及性能研究 [J]. 环境科学, 2009, 30 (7)：2179-2184.

[35] 汤心虎, 黄秀微, 刘佩璇. 无机/有机复合混凝剂对印染废水脱色的研究 [J]. 水处理技术, 2001, 27 (5)：267-270.

[36] 高宝玉, 王燕, 岳钦艳, 等. PAC 与 PDMDAAC 复合混凝剂中铝的形态分布 [J]. 中国环境科学, 2002, 22 (5)：472-476.

[37] 刘文敏, 王光华, 李文兵, 等. PAFC-CPAM 高分子杂合混凝剂表征及混凝效果分析 [J]. 武汉科技大学学报 (自然科学版), 2012, 35 (2)：141-143.

[38] Liebau F. Structural chemistry of silicates：structure, bonding, and classification [M]. Berlin：Springer-Verlag Berlin, 1985.

[39] Gao BY, Yue QY, Wang B, et al. Poly-aluminum-silicate-chloride (PASiC)—a new type of

composite inorganic polymer coagulant [J]. Colloids and Surfaces A: Physicochemical and Engineering Aspects, 2003, 229 (1): 121-127.

[40] 高宝玉, 岳钦艳, 王淑仁. 含铝离子的聚硅酸混凝剂研究 [J]. 环境科学, 1990, 11 (5): 37-41.

[41] 高宝玉, 李翠平, 岳钦艳, 等. 铝离子与聚硅酸的相互作用 [J]. 环境化学, 1993, 12 (4): 268-273.

[42] 李晓湘. 利用粉煤灰研制高效无机混凝剂聚硅酸铝 [J]. 环境工程, 2002, 20 (1): 51-52.

[43] Ohno K, Uchiyama M, Saito M, et al. Practical design of flocculator for new polymeric inorganic coagulant-PSI [J]. Water Supply, 2004, 4 (1): 67-75.

[44] Zouboulis A, Moussas P. Polyferric silicate sulphate (PFSiS): Preparation, characterisation and coagulation behaviour [J]. Desalination, 2008, 224 (1): 307-316.

[45] 孙向东, 王云祥, 常同胜. 聚硅硫酸铁的合成及性能研究 [J]. 工业水处理, 2001, 21 (1): 20-21.

[46] 聂丽君, 黄梅, 史博. 聚硅硫酸铁的制备及其处理炼油废水的试验研究 [J]. 石油与天然气化工, 2009, 29 (5): 446-449.

[47] 张永刚, 陈蕊, 秦娟, 等. 聚硅氯化铁混凝剂的制备及其对微污染源水混凝性能的研究 [J]. 污染防治技术, 2007, 20 (2): 3-5.

[48] 彭荣华, 李晓湘. 聚硅酸聚合氯化铁混凝沉降处理煤泥水的研究 [J]. 煤化工, 2008, 36 (4).

[49] Wang D, Tang H. Modified inorganic polymer flocculant-PFSi: its preparation, characterization and coagulation behavior [J]. Water research, 2001, 35 (14): 3418-3428.

[50] Sun T, Liu LL, Wan LL, et al. Effect of silicon dose on preparation and coagulation performance of poly-ferric-aluminum-silicate-sulfate from oil shale ash [J]. Chemical Engineering Journal, 2010, 163 (1): 48-54.

[51] 蔡忠, 胡翔, 米建英, 等. 新型混凝剂聚硅酸铁铝的制备及其混凝性能 [J]. 水处理技术, 2007, 33 (11): 20-22.

[52] 刘红, 方月梅, 王光辉, 等. 电子显微镜分析聚硅酸金属盐复合混凝剂的形貌 [J]. 环境化学, 2006, 25 (1): 45-49.

[53] 方月梅, 赵旭德, 张晓玲. 复合混凝剂聚硅酸铝铁的形貌结构及性能研究 [J]. 工业安全与环保, 2007, 33 (10): 22-24.

[54] 高宝玉, 王炳建, 岳钦艳. 聚合硅酸铝铁混凝剂中铁的形态分布与转化 [J]. 环境科学研究, 2002, 15 (1): 13-15.

[55] 高秀美, 衣守志, 刘丹凤, 等. 聚合硅酸氯化铝铁的制备及在脱墨废水处理中的应用 [J]. 中国造纸, 2006, 25 (2): 70-71.

[56] Sun T, Sun CH, Zhu GL, et al. Preparation and coagulation performance of poly-ferric-aluminum-silicate-sulfate from fly ash [J]. Desalination, 2011, 268 (1): 270-275.

[57] 罗序燕, 徐祥斌, 张玲文. 新型含硼聚硅酸铝铁锌混凝剂的制备及混凝性能 [J]. 工业水处理, 2009, 29 (8): 45-48.

[58] 方月梅, 张丽莉, 郭建林, 等. 新型混凝剂含硼聚硅铝铁的制备和性能研究 [J]. 环境工程学报, 2008, 2 (12): 1667-1671.

[59] Baylis JR，Powell ST，Black A. Silicates as aids to coagulation（with Discussion）[J]. Journal American Water Works Association，1937，29（9）：1355-1396.

[60] Boisvert J-P，Jolicoeur C. Influences of sulfate and/or silicate present in partially prehydrolyzed Al（Ⅲ）flocculants on Al（Ⅲ）speciation in diluted solutions [J]. Colloids and Surfaces A：Physicochemical and Engineering Aspects，1999，155（2）：161-170.

[61] Gao B，Yue Q. Effect of ratio and $OH^-/Al^{3+}$ value on the characterization of coagulant poly-aluminum-chloride-sulfate（PACS）and its coagulation performance in water treatment [J]. Chemosphere，2005，61（4）：579-584.

[62] 边伟，刘乃瑞，李欣. 硼聚硅酸铝铁混凝剂处理油气田采出水的研究 [J]. 化学工程，2012，40（8）：14-18.

[63] 许佩瑶，丁志农，张振声. 粉煤灰，硫铁矿渣制备聚铁铝硅混凝剂及应用研究 [J]. 环境工程，2000，18（2）：46-49.

[64] 张开仕，曾凤春. 利用工业废弃物制备聚合硫酸铁铝硅混凝剂 [J]. 化工学报，2008，59（9）：2361-2365.

[65] 罗道成，宋和付，刘小平. 硫铁矿烧渣和劣质铁尾矿制备聚硅酸铁铝混凝剂 [J]. 环境污染治理技术与设备，2004，5（12）：52-54，92.

[66] 郭旭颖，白润才. 粉煤灰制备混凝剂聚硅酸铝铁工艺条件研究 [J]. 应用化工，2009，38（3）：369-371.

[67] 夏畅斌，肖永定. 煤矸石灰渣研制聚硅酸铝混凝剂及应用研究 [J]. 中国环境科学，1996，16（5）：396-400.

[68] Fu Y，Yu S-l，Yu Y-z，et al. Reaction mode between Si and Fe and evaluation of optimal species in poly-silicic-ferric coagulant [J]. Journal of Environmental Sciences，2007，19（6）：678-688.

[69] Moussas P，Zouboulis A. A study on the properties and coagulation behaviour of modified inorganic polymeric coagulant—Polyferric silicate sulphate（PFSiS）[J]. Separation and Purification Technology，2008，63（2）：475-483.

[70] Moussas P，Zouboulis A. A new inorganic-organic composite coagulant，consisting of polyferric sulphate（PFS）and polyacrylamide（PAA）[J]. Water research，2009，43（14）：3511-3524.

[71] Moussas P，Zouboulis A. Synthesis，characterization and coagulation behavior of a composite coagulation reagent by the combination of polyferric sulfate（PFS）and cationic polyelectrolyte [J]. Separation and Purification Technology，2012，96：263-273.

[72] 王趁义，张彩华，毕树平，等. Al-Ferron 逐时络合比色光度法测定聚合铝溶液中 Ala，Alb 和 Alc 三种铝形态的时间界限研究 [J]. 光谱学与光谱分析，2005，25（2）：252-256.

[73] Wilkes JS，Frye JS，Reynolds GF. Aluminum-27 and carbon-13 NMR studies of aluminum chloride-dialkylimidazolium chloride molten salts [J]. Inorganic Chemistry，1983，22（26）：3870-3872.

[74] Bradley SM，Hanna JV. 27Al and 23Na MAS NMR and powder X-ray diffraction studies of sodium aluminate speciation and the mechanics of aluminum hydroxide precipitation upon acid hydrolysis [J]. Journal of the American Chemical Society，1994，116（17）：7771-

7783.

[75] Felmy AR，Cho H，Rustad JR，et al. An aqueous thermodynamic model for polymerized silica species to high ionic strength [J]. Journal of solution chemistry，2001，30（6）：509-525.

[76] 张雅景，高迎新，张昱，等. 激光光散射技术用于 Fenton 反应中 Fe(Ⅲ) 水解过程的研究 [J]. 环境化学，2005，24（4）：361-364.

[77] 孙根行，沈一丁，苏鹏娟，等. 铝、铁聚合机理初探 [J]. 环境化学，2010，29（4）：599-603.

[78] Tchoubar D，Bottero J，Quienne P，et al. Partial hydrolysis of ferric chloride salt. Structural investigation by photon-correlation spectroscopy and small-angle X-ray scattering [J]. Langmuir，1991，7（2）：398-402.

[79] Mandelbrot B B. The fractal geometry of nature [M]. W. H. Freeman，1983.

[80] 卢佳. 不同拓扑空间下聚合氯化铁—腐殖酸（PFC-HA）絮体的分形维数及其动态变化特征 [D]. 北京：北京林业大学，2008.

[81] Chakraborti RK，Atkinson JF，Van Benschoten JE. Characterization of alum floc by image analysis [J]. Environmental science & technology，2000，34（18）：3969-3976.

[82] 王东升，栾兆坤，汤鸿霄. 分形理论在混凝研究中的应用与展望 [J]. 工业水处理，2001，21（7）：16-19.

[83] Tambo N，Hozumi H. Physical Characteristics of flocs—Ⅱ. strength of floc [J]. Water Research，1979，13（5）：421-427.

[84] Tambo N，Watanabe Y. Physical characteristics of flocs—Ⅰ. The floc density-function and aluminium floc [J]. Water Research，1979，13（5）：409-419.

[85] Wu R，Lee D. Hydrodynamic drag force exerted on a moving floc and its implication to free-settling tests [J]. Water research，1998，32（3）：760-768.

[86] Chellam S，Wiesner MR. Fluid mechanics and fractal aggregates [J]. Water research，1993，27（9）：1493-1496.

[87] 王东升，汤鸿霄，栾兆坤. 分形理论及其研究方法 [J]. 环境科学学报，2001，1（S1）：10-16.

[88] 王东升，汤鸿霄. 激光光散射在混凝研究中的应用评述 [J]. 环境科学进展，1997，5（5）：36-45.

[89] Stumm W，Morgan JJ. Chemical aspects of coagulation [J]. 1962.

[90] O'Melia CR，Stumm W. Aggregation of silica dispersions by iron(Ⅲ) [J]. Journal of Colloid and Interface Science，1967，23（3）：437-447.

[91] Hahn HH，Stumm W. Kinetics of coagulation with hydrolyzed Al(Ⅲ)：The rate-determining step [J]. Journal of Colloid and Interface Science，1968，28（1）：134-144.

[92] Stumm W. Chemical interaction in particle separation [J]. Environmental science & technology，1977，11（12）：1066-1070.

[93] O'Melia CR. ES&T features：Aquasols：The behavior of small particles in aquatic systems [J]. Environmental science & technology，1980，14（9）：1052-1060.

[94] La Mer VK. Coagulation symposium introduction [J]. Journal of Colloid Science，1964，19

(4)：291-293.

[95] 汤鸿霄. 浑浊水铝矾混凝机理的胶体化学观 [J]. 土木工程学报，1965，(1)：45-55.

[96] Letterman RD，Iyer DR. Modeling the effects of hydrolyzed aluminum and solution chemistry on flocculation kinetics [J]. Environmental science & technology，1985，19 (8)：673-681.

[97] 王志石. 混凝和过滤工艺过程的基础理论方面 [J]. 土木工程学报，1988，21 (4)：48-63.

[98] Dentel SK. Application of the precipitation-charge neutralization model of coagulation [J]. Environmental science & technology，1988，22 (7)：825-832.

[99] 王东升，刘海龙，晏明全，等. 强化混凝与优化混凝：必要性，研究进展和发展方向 [J]. 环境科学学报，2006，26 (4)：544-551.

[100] Smoluchowski MV. Versuch einer mathematischen Theorie der Koagulationskinetik kolloider Lösungen [J]. Z phys Chem，1917，92 (129-168)：9.

[101] Shaw CT，Shaw CT. Using computational fluid dynamics [M]. England：Prentice Hall Hemel Hempstead，1992.

[102] Goula AM，Kostoglou M，Karapantsios TD，et al. The effect of influent temperature variations in a sedimentation tank for potable water treatment—A computational fluid dynamics study [J]. Water research，2008，42 (13)：3405-3414.

[103] Le Moullec Y，Gentric C，Potier O，et al. CFD simulation of the hydrodynamics and reactions in an activated sludge channel reactor of wastewater treatment [J]. Chemical Engineering Science，2010，65 (1)：492-498.

[104] Brannock M，Wang Y，Leslie G. Mixing characterisation of full-scale membrane bioreactors：CFD modelling with experimental validation [J]. Water research，2010，44 (10)：3181-3191.

[105] 朱家亮，陈祥佳，张涛，等. 基于 CFD 的内构件强化内循环流化床流场结构分析 [J] 环境科学学报，2011，31 (6)：1212-1219.

[106] 崔鹏义，周雪飞，张亚雷，等. 新型 AmOn 反应器好氧区流场优化与实验研究 [J]. 化工学报，2012，63 (6)：1842-1849.

[107] 吴春笃，朱国锋，解清杰，等. 基于 Fluent 软件的 SABR 反应器流场模拟 [J]. 工业安全与环保，2010，36 (11)：3-5.

[108] Lainé S，Phan L，Pellarin P，et al. Operating diagnostics on a flocculator-settling tank using fluent CFD software [J]. Water science and technology，1999，39 (4)：155-162.

[109] Al-Sammarraee M，Chan A，Salim S，et al. Large-eddy simulations of particle sedimentation in a longitudinal sedimentation basin of a water treatment plant. Part I：Particle settling performance [J]. Chemical Engineering Journal，2009，152 (2)：307-314.

[110] Fan L，Xu N，Ke X，et al. Numerical simulation of secondary sedimentation tank for urban wastewater [J]. Journal of the Chinese Institute of Chemical Engineers，2007，38 (5)：425-433.

[111] 肖尧，施汉昌，范茏. 基于计算流体力学的辐流式二沉池数值模拟 [J]. 中国给水排水，2006，22 (19)：100-104.

[112] Smoluchowski Mv. Drei vortrage uber diffusion，brownsche bewegung und koagulation von kolloidteilchen [J]. Zeitschrift fur Physik，1916，(17)：557-585.

[113]　Camp TR，Stein PC. Velocity gradients and internal work in fluid motion [J]. Journal of the Boston Society of Civil Engineers，1943，(85)：219-237.

[114]　Saffman P，Turner J. On the collision of drops in turbulent clouds [J]. J Fluid Mech，1956，1 (1)：16-30.

[115]　Heath AR，Koh P. Combined population balance and CFD modelling of particle aggregation by polymeric flocculant [C]，2003.

[116]　Nguyen T，Heath A，Witt P. Population balance-CFD modelling of fluid flow，solids distribution and flocculation in thickener feedwells [C]，2006.

[117]　Somasundaran P，Runkana V. Modeling flocculation of colloidal mineral suspensions using population balances [J]. International Journal of Mineral Processing，2003，72 (1)：33-55.

[118]　Nopens I，Biggs C，De Clercq B，et al. Modelling the activated sludge flocculation process combining laser light diffraction particle sizing and population balance modelling (PBM) [J]. Water Science & Technology，2002，45 (6)：41-49.

[119]　Heath AR，Bahri PA，Fawell PD，et al. Polymer flocculation of calcite：population balance model [J]. AIChE journal，2006，52 (5)：1641-1653.

[120]　Runkana V，Somasundaran P，Kapur P. A population balance model for flocculation of colloidal suspensions by polymer bridging [J]. Chemical Engineering Science，2006，61 (1)：182-191.

[121]　Fu Y，Yu S，Han C. Morphology and coagulation performance during preparation of poly-silicic-ferric (PSF) coagulant [J]. Chemical Engineering Journal，2009，149 (1)：1-10.

[122]　Zeng Y，Park J. Characterization and coagulation performance of a novel inorganic polymer coagulant—Poly-zinc-silicate-sulfate [J]. Colloids and Surfaces A：Physicochemical and Engineering Aspects，2009，334 (1)：147-154.

[123]　Xu X，Yu S-l，Shi W，et al. Effect of acid medium on the coagulation efficiency of polysilicate-ferric (PSF) —a new kind of inorganic polymer coagulant [J]. Separation and Purification Technology，2009，66 (3)：486-491.

[124]　Cheng WP，Chi FH，Li CC，et al. A study on the removal of organic substances from low-turbidity and low-alkalinity water with metal-polysilicate coagulants [J]. Colloids and Surfaces A：Physicochemical and Engineering Aspects，2008，312 (2)：238-244.

[125]　夏畅斌，何湘柱，宋和付，等．高岭土和硫铁矿烧渣研制聚硅酸铝铁混凝剂 [J]．无机盐工业，2000，32 (6)：35-39.

[126]　汤鸿霄．无机高分子混凝理论与混凝剂 [M]．北京：中国建筑工业出版社，2006.

[127]　唐永星，杨琨．聚硅离子与聚铝离子在稳定胶体中的相互作用 [J]．环境化学，1997，16 (1)：60-63.

[128]　高宝玉，岳钦艳，李振东，等．聚硅氯化铝混凝剂的形态及带电特性研究 [J]．环境科学，1998，(3)：46-49.

[129]　宋永会．新型高效聚合氯化铝硅混凝剂的制备及其性能的研究 [D]．北京：中国科学生态环境研究中心，1999.

[130]　宋志伟，栾兆坤，贾智萍．高浓度复合型聚铁硅混凝剂 PFSS 和 PSFS 的形态分布研究

[J]. 环境污染治理技术与设备，2005，6（8）：38-41.

[131] Doelsch E，Masion A，Rose J，et al. Chemistry and structure of colloids obtained by hydrolysis of Fe（Ⅲ）in the presence of SiO₄ ligands [J]. Colloids and Surfaces A：Physicochemical and Engineering Aspects，2003，217（1）：121-128.

[132] Jiao SJ，Zheng HL，Chen R，et al. Characterization and coagulation performance of polymeric phosphate ferric sulfate on eutrophic water [J]. Journal of Central South University of Technology，2009，（S1）：345-350.

[133] 卢涌泉，邓振华. 实用红外光谱分析 [M]. 北京：电子工业出版社，1989.

[134] 赵春禄，刘振儒，马刚平，等. 铝、铁共聚作用的化学特征及晶貌研究 [J]. 环境科学学报，1997，17（2）：154-159.

[135] 曹建劲. 改性丝光沸石结构研究 [J]. 光谱学与光谱分析，2004，24（2）：251-254.

[136] 周风山，王世虎，苏金柱，等. 多核无机高分子混凝剂 PMC 红外结构及其性能 [J]. 精细化工，2003，20（10）：615-618.

[137] Bertsch PM. Conditions for Al13 polymer formation in partially neutralized aluminum solutions [J]. Soil Science Society of America Journal，1987，51（3）：825-828.

[138] 陈敬中. 现代晶体化学：理论与方法 [M]. 北京：高等教育出版社，2001.

[139] Swaddle TW. Silicate complexes of aluminum（Ⅲ）in aqueous systems [J]. Coordination Chemistry Reviews，2001，S219-221（3）：665-686.

[140] 万金泉，马邕文，王艳，等. 废纸造纸废水特点及其处理技术 [J]. 造纸科学与技术，2005，24（5）：58-60.

[141] Pokhrel D，Viraraghavan T. Treatment of pulp and paper mill wastewater—a review [J]. Science of the total environment，2004，333（1）：37-58.

[142] 吴新国，王新强，明云峰. 陕北低渗透油田采油污水处理与综合利用 [J]. 工业水处理，2007，27（7）：74-78.

[143] 高云文，曹海东，常铮，等. 陕北油气田开发中水资源综合利用 [J]. 地球科学与环境学报，2005，27（4）：75-78.

[144] 栾希炜，曹会哲，丁慧，等. 低渗透油田注水精细处理技术 [J]. 给水排水，2002，28（6）：40-43.

[145] 郝世彦，袁海科，樊平天. 陕北特低渗透油田污水深度处理技术 [J]. 石油化工应用，2009，28（8）：100-103.

[146] 郑丽娜，马放，南军，等. 微生物和化学混凝剂复配形成絮体的分形特征 [J]. 中国给水排水，2008，24（1）：44-47.

[147] 付英. 聚硅酸铁（PSF）的研制及其混凝机理 [D]. 哈尔滨：哈尔滨工业大学，2007.

[148] 蒋绍阶，刘宗源. UV₂₅₄作为水处理中有机物控制指标的意义① [J]. 土木建筑与环境工程，2002，24（2）：61-65.

[149] Eaton A. Measuring UV-absorbing organics：a standard method [J]. Journal-American Water Works Association，1995，87（2）：86-90.

[150] Ma J，Liu W. Effectiveness and mechanism of potassium ferrate（VI）preoxidation for algae removal by coagulation [J]. Water research，2002，36（4）：871-878.

[151] Humbert H，Gallard H，Jacquemet V，et al. Combination of coagulation and ion exchange

for the reduction of UF fouling properties of a high DOC content surface water [J]. Water research, 2007, 41 (17): 3803-3811.

[152]  严熙世，范瑾初. 给水工程（第四版）[M]. 北京：中国建筑工业出版社，1999.

[153]  Owen A，Nguyen T，Fawell P. The effect of flocculant solution transport and addition conditions on feedwell performance in gravity thickeners [J]. International Journal of Mineral Processing，2009，93（2）：115-127.

[154]  White R，Sutalo I，Nguyen T. Fluid flow in thickener feedwell models [J]. Minerals Engineering，2003，16（2）：145-150.

[155]  Farrow J，Fawell P，Johnston R，et al. Recent developments in techniques and methodologies for improving thickener performance [J]. Chemical Engineering Journal，2000，80（1）：149-155.

[156]  Ebrahimzadeh Gheshlaghi M，Soltani Goharrizi A，Aghajani Shahrivar A. Simulation of a semi-industrial pilot plant thickener using CFD approach [J]. International Journal of Mining Science and Technology，2013（23）：63-68.

[157]  周力行. 湍流气粒多相流数值模拟理论的最近进展 [J]. 燃烧科学与技术，1995，1（1）：10-15.

[158]  Ishii M. Two-fluid model for two-phase flow [J]. Multiphase Science and Technology，1990，5 (1-4).

[159]  Durst F，Melling A，Whitelaw J. Low Reynolds number flow over a plane symmetric sudden expansion [J]. Journal of Fluid Mechanics，1974，64（1）：111-128.

[160]  Imam E，McCorquodale JA，Bewtra JK. Numerical modeling of sedimentation tanks [J]. Journal of Hydraulic Engineering，1983，109（12）：1740-1754.

[161]  陶文拴. 数值传热学 [M]. 西安：西安交通大学出版社，2001.

[162]  路明，孙西欢，李彦军，等. 湍流数值模拟方法及其特点分析 [J]. 河北建筑科技学院学报，2006，23（2）：106-110.